Wirtschaftsmediation

Wirtschaftsmediation

Lehrbuch für die

praxisorientierte Ausbildung

Arbeitsunterlagen

Bibliografische Information der Deutschen Nationalbibliothek

Die Deutsche Nationalbibliothek verzeichnet diese Publikation in der Deutschen Nationalbibliografie; detaillierte bibliografische Daten sind im Internet über http://dnb.d-nb.de abrufbar.

1. Aufl. - Göttingen : Cuvillier, 2014

Nonnenstieg 8, 37075 Göttingen

Telefon: 0551-54724-0

Telefax: 0551-54724-21

www.cuvillier.de

1. Auflage, 2014

Gedruckt auf umweltfreundlichem, säurefreiem Papier aus nachhaltiger Forstwirtschaft.

ISBN 978-3-95404-743-7

eISBN 978-3-7369-4743-6

Inhalt

Verzeichnis der Abbildungen

1. Einleitung

Mediation ist ein Instrument moderner Unternehmensführung. Geschäftsführungen, Personalleiter, Projekt- und Einkaufsleiter, Betriebsräte, Vorarbeiter, Abteilungs- und Teamleitungen – alle Führungskräfte und alle Beschäftigten in einem Unternehmen stehen jeden Tag im Spannungsfeld unterschiedlicher Interessen. Dabei müssen sie unterschiedliche Bedürfnisse, Prioritäten, Ziele, Strategien und Wertungen koordinieren. Sie müssen hierfür Entscheidungen treffen. Die komplexe Wirtschaftswelt im Inneren der Betriebe und im Außenbereich mit Beziehungen zu Kunden, zu den Zulieferern und Entwicklern will gemanagt werden. Hierbei müssen auch gegensätzliche bzw. unterschiedliche Interessen verhandelt werden.

Wirtschaftsmediation ist ein Instrument zur Handhabung derartiger Interessensunterschiede. Ebenso ist sie aber auch ein Instrument der akuten Konfliktentschärfung, der Konfliktbearbeitung und Konfliktlösung.

Die Interessen und Konfliktlagen im Wirtschaftsleben sind von besonderer Art –deshalb ist auch die Wirtschaftsmediation etwas Besonderes!

Mit dem vorliegenden Studierskript möchten wir Ihnen einen Einblick in die betriebliche Welt des Konfliktmanagements geben. Dabei führen wir Sie mit praktischen Beispielen durch die Einzelaspekte der komplexen Wirtschaftsmediation. Mit Erläuterungen zum Verfahren und der Skizze einer Abgrenzung zu anderen Verfahren der Mediation wird die Besonderheit der Wirtschaftsmediation herausgearbeitet.

Die Erörterungen zu unterschiedlichen Typen von Konflikten im Wirtschaftsleben gibt Ihnen eine Systematisierungshilfe für die Konfliktanalyse und die Verfahrensausgestaltung.

Eine Differenzierung nach Konflikten *in* den Betrieben und *zwischen* Betrieben beschreibt die Mehrschichtigkeit des konfliktionären Wirtschaftslebens. Diese analytische Unterscheidung erleichtert die Zuordnung und Anwendung unterschiedlicher Instrumente für die Gestaltung der Verfahrensprozesse. So finden denn auch die zunächst banal wirkenden Hinweise auf die Sitzordnung, auf Gremienvorbehalte oder Machtungleichgewichte ihre Relevanz in der Wirtschaftsmediation.

Mit kleinen Aufgaben und Übungen zur Reflexion Ihres Lernprozesses versuchen wir, Ihnen die Komplexität und Stofffülle zugänglich zu behalten.

Die Darlegungen zur tatsächlichen Anwendung der Wirtschaftsmediation in der Praxis illustrieren, daß ein Konfliktmanagement durch Mediation in den deutschen Unternehmen noch längst keine Selbstverständlichkeit ist. Angesichts der unbestreitbaren Vorteile (nicht nur ökonomischer Art) bleibt dieses unverständlich. Zwar hat die Wirtschaftsmediation den Status des Exotischen in den letzten Jahren verloren, das Pionierhafte ist ihr aber bis dato geblieben. Dieses mag die noch bestehenden wissenschaftlichen Lücken und Unvollständigkeiten ebenso erklären, wie die Lücken und Vergröberungen in diesem Studierskript.

Das Pionierhafte ist für uns Ansporn und Herausforderung, Mediation und Wirtschaftsmediation in der betrieblichen Welt der bundesdeutschen Unternehmen als modernes Instrument des Konfliktmanagements zu verbreiten. Ihr Studium dieses und weiterer Studierskripte ist dafür eine aktive Unterstützung!

Lernziele:

In diesem Studierskript werden Konflikte und Möglichkeiten zur Konfliktbearbeitung *in* Unternehmen und *zwischen* Unternehmen behandelt. Mit der Darstellung von innerbetrieblichen Konflikten und externen bzw. unternehmensübergreifenden Konflikten möchten wir Ihnen verdeutlichen, daß es in beiden „Ebenen" unterschiedliche Konflikttypen gibt, die unterschiedliche Verfahrensgestaltungen nach sich ziehen. Zunächst möchten wir durch diese systematische Beleuchtung von Konflikttypen im Wirtschaftsleben Ihnen die hieraus resultierenden unterschiedlichen Möglichkeiten einer Konfliktbearbeitung verdeutlichen. Mit der Bearbeitung dieses Kapitels werden Sie in der Lage sein, Konflikttypen zu identifizieren und entsprechende Verfahrensschritte hieraus bestimmen zu können. Hierzu geben wir Ihnen unterschiedliche inhaltliche und formale Indikatoren an die Hand, mit deren Hilfe Sie die unterschiedlichen Konflikttypen systematisch erfassen und bewerten können Damit lernen Sie die Besonderheiten der Wirtschaftsmediation – auch in Abgrenzung zu anderen Mediationsarten – kennen. Mit Darstellungen zur praktischen Arbeit der Konfliktbearbeitung im Wirtschaftsleben illustrieren wir Ihnen einige Anwendungsfelder der Wirtschaftsmediation und sensibilisieren Sie für deren Komplexität. Sie werden Vor- und Nachteile unterschiedlicher Formen der Konfliktbearbeitung im Wirtschaftsleben kennenlernen und damit selbst in der Lage sein, anhand einiger Basisinformationen die geeignete Form der Konfliktbearbeitung zu bestimmen.

In Kombination mit Ihrem erarbeiteten Wissen aus den anderen Studierskripten lernen Sie die Besonderheiten der Wirtschaftsmediation kennen und werden einschätzen können, ob und wie sie sinnvoll einzusetzen ist.

2. Konflikte in Organisationen

Unternehmen sind Organisationen – es können Handwerksbetriebe, Unternehmen, Filialen von Unternehmen, Dienstleistungszentren, Selbständige oder Verbände sein. In all diesen Bereichen gibt es keine konfliktfreien Räume. „Konflikte im Arbeitsleben sind so normal wie die Luft zum Atmen. Immer, wenn Menschen zusammen kommen, stoßen unterschiedliche Ideen und Einstellungen aufeinander. Das ist im Privaten nicht anders als im Berufsleben. Hier wie dort geht es darum, wie Spannungen ausgetragen werden. Was sich nicht klären läßt, wird zum Konflikt. Nicht der Konflikt ist das eigentliche Problem, sondern die Frage, wie er gelöst wird, oder besser: wie er verarbeitet wird" (Pühl, 2003, S. 7).
Wir wollen uns in dem vorliegenden Studierskript mit typischen Konflikten im Wirtschaftsleben befassen und dabei auch die Grundzüge für unterschiedliche Möglichkeiten zur Konfliktbearbeitung beleuchten.
Wir sprechen dabei Im Folgenden von betrieblichen Konflikten und differenzieren hierbei nach *innerbetrieblichen Konflikten* und *Konflikten zwischen Betrieben* bzw. *Betriebsteilen*.

2.1 Betriebliche Konflikte

Die Erwartungshaltung an einen Betrieb ist, dass er funktioniert und wirtschaftlich arbeitet. Die Abstimmung verschiedener Funktionen und Arbeitsabläufe, die Koordinierung unterschiedlicher Interessen soll funktionieren. Es soll schnell, effektiv, möglichst ohne Reibungsverluste, das heißt ohne Konflikte bei der Umsetzung von Arbeitsaufgaben vonstatten gehen. Dabei wissen wir längst, dass es Betriebe ohne Konflikte nie geben wird (vgl. Pühl, 2003, S. 11 ff).
Konflikte weisen darauf hin, dass an bestimmten Stellen des organisatorischen Zusammenspiels – zum Beispiel im Betrieb – eine Situation neu definiert werden muss.
Konflikte haben also ihren Sinn. Durch sie kommen verschiedene Komponenten an die Oberfläche, die sonst verschlossen bleiben, zum Beispiel die Interessen und die Bedürf-

nisse der Konfliktparteien. Konflikte können mithin ein Unternehmen dynamisch halten, es immer auf Verbesserung ausrichten. Allerdings muß sich dafür mit Konflikten auseinandergesetzt werden. Leider gibt es in vielen Unternehmen nicht die hierfür notwendige offene Konfliktkultur. Ungelöste Konflikte wirken aber in den Unternehmen destruktiv, sie verursachen Kosten und Probleme im Ablauf, sie belasten die Arbeitsbeziehungen (vgl. Bitzer, et.al. 2002, S. 13).

Betriebliche Konflikte sind „soziale Konflikte"! Mit dieser Festlegung folgen wir der Definition von Glasl (1997) und grenzen uns ab von Meinungen, die Konflikte in Unternehmen als „Sachkonflikte" und meist frei von Gefühlen sehen (vgl. Bitzer, et.al. 2002, S. 38 ff; Pühl, 2003, S. 11; Stoppkotte, 2004, S. 17; sehr ausführlich auch: Regnet, 2001, S. 8 ff; Risse, 2003).

Um Konflikte im Betrieb und zwischen Betrieben analytisch erkennen und bearbeiten zu können, müssen wir deren Struktur, deren Hintergründe, deren Typ etc. erfassen können. Die wichtigsten Faktoren oder Bedingungen zur Kennzeichnung eines Konfliktes sind:

- „Bei einem Konflikt geht es um Interessengegensätze, unvereinbare Handlungspläne oder um Entscheidungsfragen;
- Ausschlaggebend ist das subjektive Erleben und nicht ein objektiv vorhandener Streitpunkt (Wirklich ist, was wirkt!);
- Die Wahrnehmung eines Gegensatzes ist eine unabdingbare Voraussetzung, um überhaupt von einem Konflikt sprechen zu können.
- Die wahrgenommenen Interessengegensätze führen dann entweder zu aktiven Konflikt-(bewältigungs-)Maßnahmen oder zumindest zu einem veränderten Verhalten, beispielsweise im Bereich der Kommunikation und Kooperation."(Regnet, 2001, S. 9)

Jeder Konflikt existiert in der Wahrnehmung der beteiligten Person/en. D.h. jeder Konflikt hat eine psychologische Komponente.

Hieraus folgt, daß, je nach persönlicher Toleranzschwelle, je nach Betroffenheit, je nach Vorerfahrung etc. einer beteiligten Person, eine Situation bereits als Konflikt, eine andere Situation dagegen noch ohne Problembewußtsein wahrgenommen werden kann.

Dazu zwei Beispiele: (vgl. Regnet, 2001, S. 10)

A) Ein Kollege einer Arbeitsgruppe ist häufig abwesend wegen Dienstreisen, Fortbildungen, politischer Arbeit als Mitglied im Stadtrat etc. Die anderen Kolleginnen und Kollegen müssen seine Arbeit mit erledigen und stehen auch dafür in der Verantwortung, wenn Ziele nicht erreicht werden. Sie verspüren die Situation bereits zu einem Zeitpunkt als einen Konflikt, zu dem sich „Kollege Stadtrat" noch wohl fühlt und alles in Ordnung glaubt.

B) Ein autoritärer Vorgesetzter gibt wenig positive Rückmeldung, bemerkt aber jeden Fehler sofort. Er ordnet gerne an und „durchregiert" gerne, läßt aber kaum Freiräume zu. Für selbständige MitarbeiterInnen ist dieses Verhalten eine Belastung und wird als Konflikt erlebt. Der Vorgesetzte nimmt die Situation erst bei massivem Widerstand der Kolleginnen und Kollegen, bei Fluktuation, bei größeren Pannen etc. als Problem wahr.

Die Bedeutung der „persönlichen, psychologischen Komponente" in der Wahrnehmung und damit auch in der Lösung von Konflikten wird im Bereich der Wirtschaftsmediation immer wieder diskutiert.

So geht Risse (2003) davon aus, daß es den beteiligten Wirtschaftsparteien „in aller Regel ausschließlich um die Beilegung des konkreten Konfliktes, nicht um die Bewältigung von Persönlichkeits- oder Beziehungsproblemen" geht. (....) „In den meisten Wirtschaftsmediationen sind die Konfliktparteien zudem juristische Personen (GmbH, AG), die nicht mit einem „therapeutischen Ansatz" konfrontiert werden können (Risse, 2003, S. 30).

Unstrittig ist für uns, daß ein „therapeutischer Ansatz" z.B. bei einer Scheidungs- oder Familienmediation, ebenso in Täter-Opfer-Ausgleichsverfahren, eher prägend sein wird, als bei einer Wirtschaftsmediation. Daß jedoch Wirtschaftsmediationen „unaufgeregter" seien (vgl. Risse, 2003, S. 31) und deren Beteiligte rational und nur an der Sache interessiert verhandeln und hierbei „persönlich psychische Komponenten" kaum von Bedeutung seien, bestätigt unsere praktische Erfahrung nicht.

Auch die Geschäftsführung einer GmbH wird in einem Konflikt und in einer Konfliktlösung trotz aller Rationalität mit Engagement und Gefühl beteiligt sein.

Nach unserer Erfahrung bleiben häufig Sachfragen oder Sachkonflikte ungelöst, weil gerade die zwischenmenschliche Beziehung der Beteiligten nicht stimmt. Hier gibt es einen Beziehungskonflikt, der als Sachkonflikt „verkleidet" wird.

Fast die Hälfte aller Konflikte in Unternehmen (47%) entsteht aus zwischenmenschlichen Gründen. Die andere Hälfte der Konflikte hat ihre Ursache in sachlichen Differenzen. (vgl. Duve, 2003, S. 23).

Wie sehr Beziehungskonflikte und damit die „persönlich psychische Komponente" Ursache und Gegenstand für Konflikte im Unternehmen oder zwischen Unternehmen sein können, illustrieren die folgenden Beispiele:

Beispiel Tchibo:

Unter der Überschrift „Es herrscht wieder Streit im Kaffeekränzchen der Brüder Herz" berichtet „Die Welt" am 04. Februar 2005 über die Fortsetzung eines langjährigen Streites im Familienunternehmen Tchibo. „So können sich nur Brüder hassen", sagte ein Topmanager, der die vier Brüder der Familie Herz sehr gut kennt. Mitte Juni 2003 haben sich die Tchibo Erben nach langem Streit getrennt. Die Geschwister Günter und Daniela Herz sind gegen Auszahlung von gut vier Mrd. Euro aus der Tchibo-Holding ausgeschieden. Das Kaffeeimperium wird seither von den drei Brüdern Michael, Wolfgang und Joachim sowie der Mutter, Ingeborg Herz geführt. Diese Einigung von 2003 wird der Mutter zugeschrieben, die die langjährige Auseinandersetzung zwischen den verschiedenen Familienstämmen einvernehmlich beenden wollte (vgl. Die Welt, vom 25. Juni 2003). Günter und Daniela Herz haben zwischenzeitlich u.a. Anteile bei Puma erworben.

In dem verbliebenen „Brüdertrio" Michael, Wolfgang und Joachim Herz kam es Anfang 2005 zu einem Konflikt um die strategische Ausrichtung des Unternehmens, die Besetzung des Aufsichtsrates. „Joachim war seinerzeit gegen die Trennung. Er wollte den Familienbesitz trotz aller Probleme zusammenhalten. Joachim ist der einzige der Geschwister ohne Kinder. In seinem Umfeld heißt es, er trage am schwersten an der Familienfehde. Möglicherweise werden Michael und Wolfgang eines Tages auch ihn auszahlen. Würde er so behandelt wie Günter und Daniela, wären für seine 15 Prozent rund 600 Millionen Euro fällig. (...)

Einfluß auf die Geschäfte von Tchibo oder Beiersdorf dürfte der Streit zunächst kaum haben. (...) Dennoch dürfte der Zwist, der auch über die Vertreter der Arbeitnehmer ausgetragen wird, auf die Stimmung schlagen. Wer möchte schon als Mitarbeiter und Aufsichtsrat mit Briefen über Vorwürfe an die Geschwister zu tun haben?
Die Tochter von Günter betrieb am Gänsemarkt ein Nudel-Bistro. Angeblich haben Günters Nichten und Neffen dort keinen Zutritt. Es sieht so aus, als trüge auch die nächste Generation schwer an ihrem Erbe." (Die Welt, 04.02.2005; AutorIn: Birger Nocolai)

Beispiel Birkenstock:

Birkenstocks Sandalen –Streit ist beigelegt, berichtet der Bonner-General-Anzeiger am 11.Februar 2005. Es ging um einen Streit zwischen Susanne Birkenstock und ihrem Noch – Ehemann Christian mit seinen Brüdern Stephan und Alex. Christian Birkenstock, einer der drei Geschäftsführer, hatte seiner Ex-Gattin vorgeworfen, gegen Markenrechte verstoßen zu haben. Frau Birkenstock hatte nach der Trennung von ihrem Mann eine eigene Firma gegründet und selbst erfolgreich Gesundheitssandalen verkauft. Für ihre Firma SB-International hat sie auch ihren Namen – Susanne Birkenstock – für die Werbung eingesetzt. Den Birkenstock Brüdern ging dies zu weit. Sie befürchteten, Frau Birkenstock könne den bekannten Familiennamen für ihre Zwecke ausnutzen, obwohl Susanne Birkenstock nichts mit den Gesundheitssandalen des Familienunternehmens zu tun habe.
Der Streit wurde juristisch ausgetragen, begleitet von öffentlichen Anschuldigen und Erklärungen. Die Gerichte waren mit Unterlassungsklagen, einstweiligen Verfügungen und Vergleichsvorschlägen beschäftigt. Es gab eine immer größer werdende Öffentlichkeit (Rosenkrieg). Schließlich wurde der Streit durch einen gerichtlichen Vergleich beigelegt. (vgl. Generalanzeiger, Bonn, vom 11.02.2005; Redakteur: Frank Rintelmann)

Merke:

(Ungelöste) Beziehungskonflikte, emotionale persönliche Konflikte können sehr schnell zu handfesten Konflikten im Unternehmen werden. Ca. die Hälfte aller Konflikte in Unternehmen entstehen aus nicht gelösten Beziehungskonflikten. Konflikte im Unternehmen sind „soziale Konflikte".

3. Konflikttypen des Wirtschaftslebens

In diesem Kapitel möchten wir Ihnen die typischen Konfliktarten im betrieblichen Alltag und im Wirtschaftsleben näherbringen. Die Typisierung von Konflikten kann helfen, eine richtige Diagnose zu treffen und vor allen Dingen das richtige Verfahren zur K
beitung zu finden.

Typische Konfliktarten im Wirtschaftsleben sind

- Ziel- oder Strategiekonflikte,
- Mittel- bzw. Wegekonflikte
- Verteilungskonflikte
- Wert- und Grundsatzkonflikte
- Kompetenzkonflikte
- Beziehungskonflikte

3.1 Werte- und Grundsatzkonflikte

In Wertekonflikten geht es um Anschauungen und Überzeugungen, in Grundsatzstreitigkeiten um Präzedenzwirkung (vgl. Duve, 2003, S. 19).

Treffen zum Beispiel unterschiedliche Vorstellungen von Gerechtigkeit aufeinander oder unterschiedliche ethische Grundsätze, liegt ein Wertekonflikt vor. Derartige
hen meistens für das Selbstverständnis der beteiligten Personen und sind
lösbar.

Streiten die Mitglieder des Vorstands eines BioTech-Unternehmens beispielsweise darüber, in die Forschung von Stammzellen einzusteigen, geht es um grundsätzliche Fragen von Ethik und Werten.

3.2 Zielkonflikte

Ursache für diese Konflikte sind unterschiedliche Vorstellungen über Ziele des Unternehmens oder über die Strategie, diese Ziele zu erreichen.

Beispiel 1:

„Bei der Einteilung und Länge von Arbeitszeiten oder bei der Möglichkeit der Maschinen- und Anlagennutzung haben Betriebsräte als Vertreter der Arbeitnehmer das Ziel, sich für familienfreundliche Arbeitszeiten, ausreichende Pausenregelungen oder die Schaffung neuer Arbeitsplätze einzusetzen. Demgegenüber haben die Arbeitgeber und die Unternehmensleitung ein größeres Interesse an Flexibilität, Minimierung der Kosten und der optimalsten Maschinen- und Anlagenausnutzung" (Stoppkotte, 2004a, S. 20).

Beispiel 2:

„Die Steilmann-Gruppe, eines der größten europäischen Textilunternehmen mit Hauptsitz in Wattenscheid, erzielte 1998 einen Jahresumsatz von ca. € 750 Millionen. Rechtzeitig zum 70. Geburtstag von Textilunternehmer Klaus Steilmann im Juni 1999 sollte Tochter Britta die Führung des Unternehmens übernehmen. Unter seinen drei Töchtern galt Britta stets als Liebling des Vaters. Schon in jungen Jahren hatte sie Verantwortung im elterlichen Betrieb übernommen und sich einen Namen mit Öko-Mode gemacht. Im Alter von 27 Jahren war sie als stellvertretende Vorsitzende des Fußballklubs Wattenscheid 09 als erste Frau in das Präsidium eines Bundesligavereins gewählt worden. (....) Daß Klaus Steilmann ungeachtet aller Meriten und unbestrittenen Qualifikationen seiner Tochter im Jahr 1999 dennoch zunächst nicht diese als neue Vorstandsvorsitzende berief, lag vor allem an verschiedenen Ansichten über die strategische Ausrichtung des Unternehmens.(...) Tochter Britta wollte mit der Steilmann-Gruppe durch mehr eigene Marken und eine stärkere Präsenz im Einzelhandel sichtbar in Erscheinung treten. Vater Klaus scheute den Wettbewerb zu seinen langjährigen großen Handelspartnern wie C&A und Marks&Spencer. Nach etwas mehr als zwei Jahren und dem Intermezzo des Vorstandsvorsitzenden Joachim Vogel trat Britta Steilmann im August 2001 schließlich doch noch die Nachfolge ihres Vaters an." (Duve, 2003, S. 20 f).

3.3 Mittel- bzw. Wegekonflikte

Bei diesem Konflikttyp werden die Wege und die Mittel zum Erreichen eines (meist identischen Zieles) unterschiedlich bewertet. (vgl. Altmann; et.al., 1999, S. 31)

3.4 Verteilungskonflikte

Diese liegen vor, wenn es z.B. um die Verteilung von Ressourcen geht. Bei Verteilungskonflikten im Unternehmen kann es z.B. um die Frage gehen, wer welches Büro bekommt, wer für welche Kunden zuständig ist, wem welches Gehalt zusteht etc. (vgl. Haeske, 2003, S. 63; Stoppkotte, 2004a, S. 21). „Ein leitender Angestellter einer Versicherungsgesellschaft möchte unbedingt einen vergleichbaren Büroraum, den gleichen Dienstwagen wie der Kollege, dem er sich in der Leistung ebenbürtig fühlt." (Altmann et.al., 1999, S. 31)

Im Verhältnis *zwischen* Unternehmen ist häufig die Verteilung der Verantwortung für Risiken (Haftungsrisiken) strittig, vor allen Dingen dann, wenn sich die Geschäfte nicht so entwickeln, wie es erwartet wurde. Illustrierend steht hierfür das Verhältnis zwischen Automobilherstellern und Zulieferern. Hier geben die Hersteller immer mehr Kosten und Verantwortung an die Zulieferer weiter und bürden ihnen sogar Garantiekosten auf. (vgl. Duve 2003, S. 22).

In Betrieben oder auch zwischen Betrieben kann es natürlich auch Streitigkeiten über die *Verteilung von Macht* geben. Diese Art Verteilungskonflikt zeigt sich häufig beim Übergang des Unternehmens an einen Nachfolger oder bei Neubesetzung einer Führungsposition im Unternehmen (Vorstandsvorsitz, Vorsitz im Aufsichtsrat etc.).

3.5 Kompetenzkonflikte

Solche Konflikte entzünden sich dann, wenn zwischen den Konfliktparteien ein Kompetenzgefälle besteht. Verfügt eine Kollegin / ein Kollege über mehr Wissen, Erfahrung, Kompetenz und setzt diese auch mehr und besser ein als ein/e andere/r, kann dies zu Spannungen führen. Ein solcher Konflikt bricht vor allen Dingen dann auf, wenn die Kompetenzunterschiede nicht durch eine unterschiedliche Entlohnung gewürdigt werden (vgl. Haeske 2003, S. 61 ff).

Ebenso können Kompetenzkonflikte *zwischen* Unternehmen auftreten. Wenn mehrere Unternehmen als Arbeitsgemeinschaft einen gemeinsamen Auftrag bearbeiten – zum Beispiel den Aufbau einer Industrieanlage – kann es zu Kompetenzkonflikten kommen. Ebenso dann, wenn Unternehmen sich auf eine Kooperation verständigt haben, um Marktvorteile zu generieren, die vereinbarten Teilleistungen eines Beteiligten hierfür aber aus Sicht des anderen nicht kompetent erbracht sind.

3.6 Rollenkonflikte

Bei einem solchen Konflikt ist eine Person „eingespannt“ in ein Feld gegensätzlicher Rollenerwartungen. Stoppkotte (2004a) sieht solche Konflikte häufig bei Betriebs- und Personalräten im Betriebsalltag. Mitglieder eines Betriebsrates stehen einerseits für die Interessen der Beschäftigten ein, andererseits auch für die des Unternehmens (vgl. Stoppkotte 2004a, S. 21).

3.7 Beziehungskonflikte

Die Fähigkeit von Personen, Konflikte zu „verhandeln“, wird bestimmt von der Qualität ihrer Beziehung. Häufig sind die persönlichen Verhältnisse / Beziehungen zwischen Geschäftspartnern nicht geklärt. Solche ungelösten Beziehungskonflikte sind dann die eigentliche Ursache von Wirtschaftskonflikten. Ungelöste Beziehungskonflikte können über mehrere Generationen hin ein Unternehmen belasten und die wirtschaftliche Kraft des Unternehmens schwächen.
Die skizzierten Beispiele Tchibo und Birkenstock verdeutlichen dies.

3.8 Der „harmonische“ Konflikt

Was zunächst als Widerspruch erscheint – Harmonie und Konflikt – ist bei analytischer Betrachtung betrieblicher Eigenarten oder Prinzipen verblüffend einfach: Für die Weiterentwicklung und den Fortbestand von Betrieben ist es geradezu notwendig, Bereiche oder Abteilungen mit unterschiedlichen Aufgaben in die „Kooperation zu zwingen“. Nur, wenn sich z.B. die Entwickungsabteilung mit der Produktionsabteilung über die Möglichkeiten zur Herstellung des neues Produktes verständig, kann es produziert werden. Nur, wenn die Vertriebsabteilung der Entwicklungsabteilung die „Bedarfe und Möglichkeiten des Marktes“ nahebringt und sich beide darüber verständigen, kann ein verkaufsfähiges Produkt neu entwickelt werden.
Diese, quasi in die betriebliche Organisationssystematik eingebauten Einigungszwänge, setzen jedoch u.a. voraus, dass die Beteiligten gleich mächtig sind. Zudem müssen sie rational agieren und sich an die Spielregeln halten, zum Beispiel sich fair verhalten, um damit weder der „Gegenseite“ noch dem Betrieb zu schaden. (vgl. Regnet 2001, S. 27; weitere Beispiele benennt Gutjahr 2006, S. 53ff).

Alle genannten Konflikttypen des Wirtschaftslebens zeigen sich in der Realität nicht in Reinform. Es sind vielmehr immer Mischungen, das macht ihre Bearbeitung manchmal so schwierig.
Die Einteilung der Konflikttypen kann je nach Sichtweise und Fachdisziplin unterschiedlich sein. Ein einheitliches System, in das die unterschiedlichen Konflikttypen passen, gibt es nicht.

Duve (2003) fasst die Konflikttypen in einem Konfliktkreis zusammen:

Abbildung 1: Der Konfliktkreis

aus: Duve 2003, S. 26

Uns hilft die Betrachtung unterschiedlicher Konflikttypen (Konfliktartbestimmung), um erste Anhaltspunkte für eine Diagnose zu bekommen und um das richtige Verfahren der Konfliktbearbeitung zu finden.

Übung zur Sicherung des Lernstoffes:

„Der Nachfolger –

Nico Werner ist Gründer und Inhaber der Werner-Werke. Vor 5 Jahren entschloss er sich, aus dem Unternehmen als Geschäftsführer auszuscheiden und die Verantwortung in jüngere Hände zu legen. Er fand in Detlef Lorenz einen fachlich kompetenten Manager, der sein Unternehmen seitdem erfolgreich führt. Dennoch ist er unzufrieden, da ihm einige Eigenarten an Detlef Lorenz nicht gefallen. Allerdings haben Versuche, diese Unzufriedenheit durch Gespräche abzubauen, nicht geholfen. Deshalb entschließt sich Nico Werner zur Einschaltung externer Unterstützung und beauftragt einen Mediator." (Bitzer et.al. 2002, S. 207 f)

Fragen:

Welchem / welchen Konflikttyp(en) ist dieser Konflikt zuzuordnen?

Wenn Sie der Ansicht sind, daß diesem Konflikt mehrere Konflikttypen zugeordnet werden können, versuchen Sie bitte, die einzelnen Typen zu gewichten.

Bitte begründen Sie Ihre Entscheidung.

Zusammenfassung:

Konflikte im Wirtschaftsleben sind soziale Konflikte. Die Typisierung unterschiedlicher Konfliktarten hilft, erste Hinweise für eine Konfliktdiagnose zu bekommen und um das richtige Verfahren der Konfliktbearbeitung zu finden. Die benannten Konflikttypen zeigen sich in der Realität meistens als Mischung.

Konflikte können destruktiv oder konstruktiv wirken, je nach dem, in welcher Art und Weise sie ausgetragen werden. Die Konfliktbeteiligten entscheiden darüber, ob sie kooperieren oder konkurrieren wollen.

Hiervon hängt auch ab, welche betrieblichen Kosten durch Konflikte verursacht werden.

4. Die Kosten betrieblicher Konflikte

Unbearbeitete Konflikte oder mangelhaft bewältigte Konflikte kosten Geld! Solche (häufig schwelenden) Konflikte können wie Geschwüre sein, sie absorbieren Energie und betriebliche Ressourcen, sie weiten sich aus. Dabei ist es zunächst egal, um welche Art von Konflikt es sich handelt.

„Riskant für ein Unternehmen sind die Konflikte, die ungelöst schwelen und dadurch allmählich das Klima verschlechtern. Eine tatsächliche gemeinsame, zielgerichtete Zusammenarbeit wird in diesen Fällen immer komplizierter." (Altmann et.al. 1999, S. 47)

Ein Konflikt zwischen Arbeitgebern und Arbeitnehmern verursacht ebenso Kosten wie ein Konflikt zwischen zwei oder mehreren Unternehmen. Auch innerbetriebliche Konflikte zwischen Unternehmensteilen, Abteilungen oder zwischen Beschäftigten können hohe Kosten verursachen.

Konfliktkosten sind – ähnlich den betrieblichen Kosten der Qualitätssicherung – „umso höher, je länger die Reibungsverluste, Mehraufwände für Kommunikation, Beschwerden oder Regressforderungen, Gerichtsverfahren usw. andauern.“ (Gutjahr 2004, S. 11).

Konfliktkosten zählen zu den variablen Kosten – damit sind sie für das Unternehmen gestaltbar und zu minimieren!

Bei den Konfliktkosten lassen sich grundsätzlich ***zwei Kostenarten*** unterscheiden:

- *Direkte* Kosten

  und

- *Indirekte* Kosten

4.1 Die direkten Kosten

Zu den direkten Kosten zählen zum Beispiel:

- Zeitkosten, also die durch den Konflikt verlorenen Arbeitsstunden der Beschäftigten und/oder des Managements, multipliziert mit dem jeweiligen Stundensatz.
- Cash-Kosten, also unnötige Ausgaben, Geld für Fehlinvestitionen, Kapitalkosten zur Vorfinanzierung oder Liquiditätssicherung,
- Rückstellungen wegen strittiger Forderungen,
- Umsatzausfall oder Produktionsstillstand,
- zusätzliche, erneute Kosten, weil zum Beispiel ein gescheiterter Auftrag neu vergeben werden muß,
- Verzögerungskosten, bis der Ersatzauftrag ausgeführt ist;

4.2 Die indirekten Kosten

Zu den indirekten Kosten zählen zum Beispiel:

- Produktionsausschuss / unbrauchbares und verrottetes Material;
- Imageschäden,
- Verlust von zukünftigen Aufträgen,
- Verlust einer für das Unternehmen wichtigen Geschäftsbeziehung,

- schlechtes Betriebsklima,
- Demotivation der Beschäftigen, hoher Krankenstand,
- Opportunitätskosten durch z.B. versäumte Chancen für Innovationen und neue Produkte oder Marktzugänge.

Neben dieser Differenzierung in direkte und indirekte Kosten finden sich in der Literatur auch Unterscheidungen zwischen *Kreativitätskosten* (gemeint sind hiermit die Kosten für Reibungsverluste, wechselseitiges Übergehen, bewußtes Unterschreiten der Leistungsmöglichkeiten) *Beziehungskosten* (gemein ist damit der Verlust von bestehenden und zukünftigen Geschäfts-Beziehungen) und *Kosten durch Zerstörung* oder Krankheit. (vgl. gps-mediation (2006), www.gps-mbh.de). Diese Konfliktkosten werden auch als Reibungsverluste bezeichnet. (vgl. Berner 2000, S. 81 ff).

4.3 Zur Erfassung von Konfliktkosten

Konflikte unterschiedlicher Art (vgl. Kapitel 3) verursachen auf zwei Ebenen betriebliche Kosten: indirekte Kosten und direkte Kosten. Im Folgenden wollen wir darlegen, anhand welcher „Kenngrößen“ diese Kosten identifizierbar werden.

4.3.1 Die Kosten der Zeit

Der „5 Minuten – Streit“ – ist ein Beispiel für entstehende, direkte Kosten im Bereich der Arbeitszeit:
Konflikte zwischen zwei Beschäftigten kosten Arbeitszeit. Dauert z.B. eine Auseinandersetzung zwischen den beiden fünf Minuten, ist es mit diesem Streitgespräch nicht getan. Wir können davon ausgehen, daß jede der Konfliktparteien über den Tag verteilt noch einmal 15 Minuten über den Streit nachdenkt und während dieser Zeit nicht produktiv arbeitet. Wir können auch davon ausgehen, daß jede Streitpartei anderen Kolleginnen oder Kollegen über den Streit berichtet, hierfür werden 10 Minuten veranschlagt. Über dieses Gespräch mit den Kolleginnen und Kollegen denken die Streitparteien jeweils 15 Minuten nach.

Aus diesem 5-Minuten-Streit ist eine betriebliche „Stillstandszeit“ von 45 Minuten je Streitpartei geworden. An diesem Tag haben die beide streitenden Beschäftigten in 1,5 Stunden Arbeitszeit, keine oder nur mangelhafte Leistung erbringen können.
Wenn ein solcher 5-Minuten-Streit nicht gelöst wird und er immer wieder auftaucht und zunehmend mehr Beteiligte in seinen Sog nimmt, summiert sich die hierfür gebundene „Konfliktzeit“ und nicht genutzte Arbeitszeit sehr schnell.
Als indirekter Effekt kann so ein schwelender 5-Minuten-Streit zu Demotivation, zu innerer Kündigung, zu Erkrankungen führen. Auch diese Effekte kosten den Betrieb Geld.
Als grobe Orientierung für den monetären Wert des (Arbeits)Zeitverlustes in Betrieben durch Konflikte gelten 1% der Lohn- und Gehaltskosten pro Jahr (vgl. Weidner 2005, S. 3). Andere Untersuchungen gehen davon aus, dass Beschäftigten – auch in ruhigen Zeiten – rund 12% ihrer Arbeitszeit im Unternehmen damit verbringen, Konflikte auszutragen (vgl. Duve 2003, S. 13). Eine Untersuchung in den USA kommt 1996 zu dem Ergebnis, daß Manager sogar 42% ihrer Arbeitszeit mit Konfliktbewältigung verbringen (vgl. Weidner 2005, S. 2). Die Wirtschaftskammer Österreich (WKÖ) schätzt, daß Führungskräfte rund 20% ihrer Zeit mit dem Bearbeiten und Lösen von Konflikten verbringen. Diese eingesetzte Arbeitszeit der Manager hat einen Wert von 4 Mrd. Euro jährlich. D.h., durch den Einsatz von modernen und effizienten Methoden der Konfliktvermeidung, der Konfliktbewältigung und der Konfliktlösung – zum Beispiel durch Mediation – könnten die Betriebe in Österreich jedes Jahr rund 4 Mrd. Euro einsparen! („Wiener Wirtschaft“ Nr. 10/05 vom 29.09.2005; „APA-Journal Karriere“ vom 14.09.2005; www.wko.at)
Für die Wirtschaft der Bundesrepublik ist uns keine vergleichbare Untersuchung bekannt. Gleichwohl scheint die Annahme plausibel, dass auch das Deutsche Management rund 20% seiner Arbeitszeit für die Bearbeitung von Konflikten aufwendet.

4.3.2 Die Kosten durch Mißtrauen

Einzelne Beschäftigte, ganze Fachbereiche oder Abteilungen im Unternehmen mißtrauen sich. Als klassische Stelle, an der im Betrieb solches Mißtrauen entsteht, gelten die sogenannten Service-Einheiten, die sich aber aus Sicht der übrigen betrieblichen Einheiten nur unzureichend als Service-Leister verhalten. Dazu ein Beispiel:

Die Datenverarbeitung in der Zentrale eines Versicherungsunternehmens lieferte nur unvollständige Daten. Ursache hierfür war ein nicht bearbeiteter Konflikt innerhalb der Geschäftsführung. Weil dieses Problem offiziell im Betrieb nicht angesprochen werden durfte (*Beziehungskonflikt der Leitung!*), haben die Niederlassungen begonnen, ihre eigenen Datensätze anzulegen. In den Niederlassungen wurde so mit zwei Datensätzen gearbeitet, dem eigenen und dem aus der Zentrale. In dem Bemühen, die Daten aus jeder Niederlassung mit den Zentraldaten abzugleichen, wurden sie in jeder Niederlassung manuell ergänzt, korrigiert, umgebucht. Beide Datensätze zeigten nach kurzer Zeit so große Unterschiede, daß niemand mehr sagen konnte, welche Daten die richtigen waren. Die Kosten dieser konfliktbedingten Doppelarbeit beliefen sich auf rund 3.700,- Euro pro Jahr und Arbeitsplatz. Insgesamt sind dem Versicherungsunternehmen Kosten durch Mißtrauen in Höhe von mehreren Millionen Euro entstanden. (vgl. Berner 2000, S. 86).

4.3.3 Die Kosten durch Angst

Angst gehört zu unserem Leben – genauso wie der Konflikt. Es gibt „normale" Angst, die jeder gesunde Mensch im Laufe seines Lebens durchsteht und deren Bewältigung sogar wichtige Impulse für die Entwicklung setzt. (vgl. Disselkamp 2003) Wenn uns die Angst einerseits zu Höchstleistungen treiben kann, uns vor Gefahren und Risiken schützen kann, so kann sie uns aber in Konfliktsituationen auch frustrieren, resignieren lassen, handlungsunfähig machen. Konflikte zwischen Arbeitgebern und Arbeitnehmern lösen besondere Angst aus. Hier geht es häufig um die berufliche und materielle Existenz des betroffenen Beschäftigten.

Der betriebliche Alltag und die kontinuierlichen Veränderungsprozesse in den Unternehmen können ebenfalls Quellen der Angst für Beschäftigte sein.

Disselkamp (2004) benennt als mögliche Auslöser solcher Ängste der Beschäftigten:

- Reorganisation („jedes Jahr eine neue Struktur")
- Business Process Re-Enginieering („gleicher Betrieb neu auf der grünen Wiese")
- Reduktion der Kosten („Mitarbeiter als reine Kostenfaktoren")
- Sherholder Value („nur der Aktionär zählt")
- Rationalisierung („Maschinen sind belastbarer und effizienter")
- Kündigungen („Kurzfristige Gewinnoptimierung")

- Komplexität des Arbeitslebens und betrieblichen Umfeldes („immer mehr Technik“ oder „noch mehr Produkte“)

Aus diesen denkbaren Ursachenfeldern können verschiedene Ängste entstehen:

- Angst vor Arbeitsplatzverlust
- Angst, Fehler zu machen (Versagen)
- Angst vor Konflikten
- Angst vor Mobbing
- Angst vor Neuem
- Angst vor Unwissen
- Angst vor Angst

(vgl. Disselkamp 2004, S. 190 f; Disselkamp 2003, S. 27/28)

Ängste, ausgelöst durch ungelöste Konflikte am Arbeitsplatz, führen oft zu Frustration, sie senken die Motivation. Sind solche Konflikte auf der Eskalationsskala bereits fortgeschritten, können hieraus innere Kündigung, Trotzreaktionen im Sinne von „Dienst nach Vorschrift“ oder sogar Mobbing entstehen. In der Bundesrepublik waren 1998 rund 1,2 Mio. Beschäftigte Mobbing ausgesetzt. Der bundesweite Verlust an produktiver Arbeit durch Mobbing wird mit ca. 15 Mrd. Euro pro Jahr ermittelt (vgl. Disselkamp 2004, S. 192; Disselkamp 2003, S. 43 ff).

Die Kosten der „inneren Kündigung“ werden mit rund 34 Mrd. Euro jährlich beziffert. Weitere Schätzungen gehen von Betriebskosten in Höhe von 50 Mrd. Euro jährlich aus, die der deutschen Wirtschaft durch betrieblich verursachte Spannungen und Ängste entstehen. (vgl. Ponschab / Dendorfer 2002, S. 1038).

Zum Vergleich:

Im Jahr 2005 betrugen die Einnahmen aus der Mineralölsteuer 40,1 Mrd. Euro. (Statistisches Bundesamt, 02.Juni 2006)

Jedes Unternehmen ist daran interessiert, Kosten zu begrenzen oder zu vermeiden. Schon deshalb müssten die Unternehmen per se ein großes Interesse daran haben, Konflikte zu vermeiden, zu minimieren, Konflikte zu bearbeiten oder zu lösen. Insoweit würde

jedes Unternehmen mit einem proaktiven Konfliktmanagement auch der eigenen ökonomischen Logik folgen.
Die tatsächliche Art und Weise, wie die Unternehmen in der betrieblichen Praxis mit Konflikten umgehen, entspricht aber nur sehr selten dieser betriebswirtschaftlichen Logik.
Im folgenden Kapitel wollen wir unterschiedliche Formen von Konfliktbearbeitung beleuchten.

5. Reaktive und proaktive Konfliktbearbeitung

Die beiden unterschiedlichen Arten, mit Konflikten umzugehen, sind die reaktive und die proaktive Konfliktbearbeitung.
Raektive Konfliktbearbeitung setzt erst dann ein, wenn der Konflikt bereits ein dominantes Stadium erreicht hat und nicht mehr ignoriert werden kann. Den Konfliktparteien scheint in diesem Stadium keine Kooperation mehr möglich zu sein. In diesem Kontext finden meistens die klassischen Instrumente der Konfliktbearbeitung Anwendung (vgl. Kapitel 6).
Mit einer *proaktiven Konfliktbearbeitung* werden Konflikte als Chance wahrgenommen. Die Konfliktbeteiligten bemühen sich, durch vorausschauende Sicht eventuelle Konfliktquellen zu bewältigen und durch präventives Verhalten für die Zukunft gestaltbar zu machen. Die proaktive Konfliktbearbeitung bietet denn auch den Anwendungshintergrund für kooperative Konfliktbearbeitungsverfahren, wie zum Beispiel der Mediation.

6. Klassische Instrumente betrieblicher Konfliktbearbeitung

Im Laufe der Entwicklungsgeschichte haben wir gelernt, unsere Konflikte und Streitigkeiten zunächst durch die Suche nach Kompromissen oder sogar nach Konsens zu lösen.
Wenn diese Suche nach Kompromiß oder Konsens in direkten Gesprächen oder Verhandlungen nicht zum Erfolg führt, delegieren wir den Konflikt bzw. die Lösung des Konflikts gerne an eine(n) Dritte(n), der/die eine Entscheidung treffen und den Konflikt beenden soll. „Je stärker eine Auseinandersetzung eskaliert, umso weiter fallen die Kontrahenten auf frühere Entwicklungsstufen zurück. Wenn die Betroffenen untereinander nicht dazu in der Lage sind, einen Konsens oder zumindest einen Kompromiß zu erzielen, dele-

gieren sie die Entscheidung an Vorgesetzte, Gerichte oder Unparteiische." (Duve 2003, S. 42)

Im Folgenden benennen wir einige ausgewählte klassische Instrumente, die in der betrieblichen Praxis als Mittel der Konfliktbearbeitung eingesetzt werden:

6.1 Das Beschwerdeverfahren

Das Betriebsverfassungsgesetz (BetrVG) gibt jedem Arbeitnehmer / jeder Arbeitnehmerin die Möglichkeit zur Beschwerde. Fühlt er/sie sich durch den Arbeitgeber oder Kolleginnen und Kollegen benachteiligt, zeigen § 84 ff des BetrVG die formalen Möglichkeiten für ein individuelles oder kollektives Beschwerdeverfahren. Anlaß für solche Verfahren sind häufig die konkreten Arbeitsbedingungen. In diesen Fällen wird eine mögliche Konfliktlösung an eine betriebliche Beschwerdestelle oder eine Einigungsstelle delegiert. Die eigene Chance zur Konfliktbearbeitung und zur Lösung wird mithin aus der Hand gegeben. (vgl. Stoppkotte 2004b, S. 130; Ponschab / Dendorfer 2002, S. 1033).

6.2 Die Schlichtung

Als ein eher traditionelles Verfahren erfreut sich die Schlichtung immer noch großer Beliebtheit. Sie gilt als informelles Verfahren zur Regelung von Konflikten. Ähnlich wie in der Mediation wird auch bei der Schlichtung ein *neutraler Dritter* eingeschaltet, der vermittelt. Ebenso wie die Mediation bezieht auch die Schlichtung ganz gezielt rechtsfremde Aspekte in die Konfliktlösung ein. Allerdings fällt der Schlichter einen Schlichtungsspruch bzw. unterbreitet einen „autoritären Vorschlag" den die Parteien akzeptieren. Insofern geben die Beteiligten mit einer Schlichtung ihre Eigenverantwortlichkeit und ihre Autonomie für eine Lösung ab. (vgl. Stoppkotte 2004b, S. 124; Risse 2003, S. 11; Bitzer et.al, 2002, S. 124).

Im Kontext von Tarifverhandlungen spielt die Schlichtung eine große Rolle. Sie ist als Regelungsinstrument Bestandteil des Tarifvertragsgesetzes. Die Tarifparteien können zur Beilegung von Arbeitskämpfen eine Schlichtung einberufen.

In der Tarifauseinandersetzung des Öffentlichen Dienstes in den Kommunen Baden-Württembergs im März/April 2006 haben die Tarifvertragsparteien sich auf eine freiwillige Schlichtung verständigt. Als Schlichter haben sie sich auf den ehemaligen Geschäftsfüh-

rer der AOK, Herrn Roland Sing (benannt von der Arbeitnehmerseite) und auf den ehemalige Präsidenten des Verwaltungsgerichtshofes, Herrn Prof. Claus Meissner, (benannt von der Arbeitgeberseite) geeinigt. Der von den Schlichtern vorgelegte Vorschlag wurde jedoch zunächst vom Kommunalen Arbeitgeberverband (KAV), dann auch von der Gewerkschaft ver.di abgelehnt. Die Schlichtung in diesem Tarifkonflikt war damit nicht erfolgreich.
Im Tarifstreit bei der Deutschen Telekom mit den Vereinigten Dienstleistungsgewerkschaften (ver.di) war die Schlichtung erfolgreich. Am 6. Juni 2006 haben beide Tarifkommissionen dem *Schlichterspruch* (autoritären Vorschlag) des CDU-Politikers Heiner Geißler zugestimmt. (vgl. Frankfurter Rundschau vom 07.06.2006, S. 11)

6.3 Der (Arbeits)Gerichtsprozess

Das Gerichtsverfahren ist in Deutschland immer noch das traditionelle Verfahren zur Regelung von Konflikten.
Dem Gericht steht ein neutraler Dritter – der Richter/die Richterin vor. Durch das Erlassen eines Urteils, das für die beteiligten Parteien bindend ist, wird der Konflikt geregelt. Der Richter / die Richterin besitzen – im Unterschied zum Mediator – Entscheidungsbefugnis. Die Konfliktparteien haben ihre Entscheidungsbefugnis mit Anrufung des Gerichts abgegeben. Die Beteiligten sind zur Teilnahme an dem gerichtlichen Verfahren verpflichtet. *Eine Mediation würden sie freiwillig durchführen.*
„Im Gerichtsverfahren wird meistens die Strategie „Alles oder Nichts“ verfolgt, welche im Ergebnis auch als Nullsummenspiel dargestellt werden kann. Der Gewinn der einen Partei bedeutet den Verlust der anderen Partei (Gewinn-Verlust-Methode)“. (Bitzer et.al., 2002, S. 121)
„Das Beschreiten des gerichtlichen Weges führt in den meisten individualrechtlichen Fällen zu einer nicht mehr heilbaren Belastung des Arbeitsverhältnisses, wodurch nicht selten eine Trennung der beiden Parteien bedingt wird. Im Beschlußverfahren entscheidet das Gericht nach freier aus dem Gesamtergebnis des Verfahrens gewonnener Überzeugung. Oftmals haben diese Beschlüsse nichts mehr mit dem Anlasskonflikt und der betrieblichen Realität zu tun und die Verfahren dauern sehr lange. (...) Bei all diesen Verfahren geht es aber nicht um die Erfüllung von Interessen, sondern um die Klärung von Rechts- und Machtpositionen.“ (Stoppkotte 2004b; S. 123).

6.4 Die Einigungsstelle nach BetrVG

Die Einigungsstelle ist ein Organ der Betriebsverfassung und im Betriebsverfassungsgesetz (BetrVG) geregelt. Arbeitgeber und Betriebsrat haben über strittige Fragen – auch über wirtschaftliche Fragen der betrieblichen Entwicklung – mit dem ernsten Willen zur Einigung zu verhandeln und Vorschläge für die Beilegung von Meinungsverschiedenheiten zu machen. Schaffen sie dies nicht aus eigener Kraft, können sie unter bestimmten Umständen die *Einigungsstelle* zur Konfliktbewältigung einschalten. „Bei der Einigungsstelle handelt es sich um ein privatrechtliches, innerbetriebliches
Organ der Betriebsverfassung mit Schlichtungs- und Entscheidungsfunktion, das ersatzweise Funktionen der Betriebspartner wahrnimmt." (IG-Metall 2004, S. 8). Eine Einigungsstelle besteht aus Beisitzern, die in gleicher Anzahl von Arbeitgeber und vom Betriebsrat bestellt werden und einem /einer unparteiischen Vorsitzenden, auf den / die sich beide Seiten einigen müssen. Kann über den Vorsitz keine Einigung erzielt werden, entscheidet die zuständige Kammer des Arbeitsgerichtes auf Antrag einer Seite hierüber. (vgl. zu weiteren Details u.a. IG-Metall 2004; Eyer 2004, S. 136 ff).

Mit Einberufen einer Einigungsstelle können mögliche Lösungen und Entscheidungen nicht mehr von den Konfliktbeteiligten direkt gesucht und getroffen werden. Sie haben ihr „Lösungs- und Einigungsmandat" an Dritte abgegeben (vgl. Hundt 2006).

6.5 Die „klassische" Verhandlung

Der häufig erste Schritt zu einer Lösungssuche ist die Verhandlung. In der Regel verlaufen solche Verhandlungen eher intuitiv. Man vertritt eine bestimmte Position, man läßt sich nicht in die Karten schauen und stellt zunächst überhöhte Forderungen. Dieser *kompetitive* Verhandlungsstil ist weit verbreitet, obwohl ihm ein geradezu charakteristisches Dilemma anhaftet: „Objektiv ist eine Einigung möglich, aber den Parteien gelingt es aufgrund ihrer gewählten Verhandlungsstrategie nicht, den Einigungsspielraum aufzudecken. Die Verhandlungen scheitern unnötig." (Risse 2003, S. 45). Hingegen eröffnet das sogenannte *interessenorientierte Verhandeln* Chancen für Kooperation und für das Erreichen von konsensualen Lösungen.

Dieser Ansatz des „sachgerechten Verhandelns" impliziert bereits zentrale Elemente des Harvard-Konzeptes (vgl. Studierskript 3 „Methoden und Techniken der Mediation") und setzt nicht mehr auf Positionen, sondern leuchtet die dahinter liegenden Interessen der Beteiligten aus. (vgl. Duve 2003, S. 54 ff; Stoppkotte 2004a, S. 29 ff und Seite 47 ff; Risse 2003, S. 40 ff; Bitzer et.al. 2002, S. 158 ff, Altmann et.al. 1999, S. 56 ff; Haeske 2003, S. 191 ff; Gutjahr 2004, S. 69 ff).

In einer Untersuchung von PriceWaterhouseCoopers und der Europa-Universität Viadrina Frankfurt (Oder) vom April 2005 zur Verbreitung unterschiedlicher Verfahren der Konfliktbearbeitung in der Wirtschaft zeigt sich, dass die Verhandlung von den befragten Unternehmen als häufigstes und bestes Verfahren der Konfliktbearbeitung bewertet und eingesetzt wird. Als Gründe hierfür werden benannt: die Fortführung der Geschäftsbeziehungen und die Autonomie bei der Verfahrensgestaltung.

Die Nachhaltigkeit der Konfliktbeilegung durch Verhandlung bewerten die befragten Unternehmen allerdings negativ. (vgl. PriceWaterhouseCoopers 2005). Wir kommen im Kapitel 11 auf diese Untersuchung zurück.

6.6 Das Gerichtsverfahren

Wenn die Verhandlungsbemühungen scheitern, werden die Rechtsabteilungen und Juristen der Unternehmen aktiv und die Gerichte um eine Klärung bzw. Entscheidung angerufen. Vor allen Dingen bei Sach- und Verteilungskonflikte sowie zur Klärung von Grundsatzkonflikten werden die staatlichen Gerichte angerufen. Die Erwartungen der Konfliktparteien an ein gerichtliches Verfahren sind dabei meistens folgender Natur: „Der eigene Rechtsanwalt wird den Konflikt zu ihrem Vorteil klären, beim Kontrahenten wird der Konflikt zu seinem Nachteil entscheiden und nach dem Urteil wird Gerechtigkeit sowie Zufriedenheit vorherrschen.“ (Bitzer et.al. 2002, S. 120). Meistens bleibt diese Erwartung ein Wunsch, denn das *Prinzip der Gewinn – Verlust – Methode* kann in den seltensten Fällen Gerechtigkeit und Zufriedenheit hervorbringen.

In einem Gerichtsprozess steuert der Richter / die Richterin das Verfahren. Er / sie fällt das Urteil ohne Zustimmung der Kontrahenten. Das Urteil dokumentiert eine Rechtsposition. Der/die Richter/in orientiert sich bei der Entscheidung ausschließlich an rechtlichen Gesichtspunkten (vgl. Risse 2003, S. 9). Der Konflikt wird als rechtliches Problem gesehen. Dabei wird „nach hinten“ (in die Vergangenheit) orientiert aufgearbeitet und bewertet. Im Kern geht es um die Klärung von Schuld. Gestaltungsmöglichkeiten für die Zukunft spielen in einer gerichtlichen Klärung keine Rolle. Ebenso bleiben soziale Beziehungen nachgelagert, denn ein Gerichtsverfahren orientiert sich eben an rechtlichen Maßstäben. Vorteilhaft hingegen zeigt sich im gerichtlichen Verfahren der Ausgleich von Machgefällen. Das Recht erweist sich häufig als „Waffe gegen die Ausübung von Macht" (Bitzer et.al. 2002, S. 122). *Machtgefälle* bedürfen in einem Mediationsverfahren ganz besonderer Aufmerksamkeit. Wir kommen hierauf im Kapitel 10.4 dieses Studierskriptes zurück.

6.7 Das Schiedsverfahren

Auch in einem Schiedsverfahren ist das anwendbare Recht die Grundlage einer Entscheidung. Diese Entscheidung wird auch von einem Dritten – einem Schiedsrichter – getroffen. Die beteiligten Parteien haben ihre Entscheidungsbefugnis abgegeben. Gleichwohl ist der Entscheidung für ein Schiedsverfahren eine konsensuale Einigung der Parteien für dieses Verfahren vorausgegangen. Zudem bestimmen die Konfliktparteien das Schiedsgericht. Ein Schiedsverfahren kann auf den spezifischen Konflikt hin ausgerichtet werden. Der Schiedsspruch kann – wenn er denn von den Parteien akzeptiert wird – schnell durch ein staatliches Gericht durchgesetzt werden (z.B.
Zwangsvollstreckung). Schiedsverfahren finden meistens unter Ausschluss der Öffentlichkeit statt. Auch deshalb werden sie von vielen Unternehmen (auch international) angewendet. (vgl. Duve 2003; S. 52 f). In ein Schiedsverfahren gehen die Beteiligten freiwillig. Im Unterschied zum gerichtlichen Verfahren spielen soziale Beziehungen und die Interessen der Konfliktparteien in einem Schiedsverfahren durchaus eine Rolle.
Trotzdem das Schiedsverfahren deutlich flexibler ist als ein staatliches Gerichtsverfahren und die beteiligten Parteien auch das Verfahren gestalten können, wird die Entscheidung – der Schiedsspruch – von einer dritten Person getroffen. Die beteiligten Konfliktparteien delegieren damit die Lösung ihrer Konflikte an eine(n) Dritte(n).

7. Zum Unterschied von „klassischen" Instrumenten und Mediation

Im folgenden Kapitel wollen wir verdeutlichen, welche inhaltlichen und formal systematischen Unterschiede zwischen den in Kapitel 6 skizzierten „klassischen Instrumenten" der betrieblichen Konfliktbearbeitung und der Mediation bestehen.

Die Abbildung 2 zeigt die Unterscheidungen zwischen rechtsförmigen Problemlösungen und Mediation

Abbildung 2: rechtsförmige Problemlösungen und Mediation

rechtsförmige Problemlösungen	**Mediation**
➢ Klärung von Schuld ➢ Normorientierung ➢ Rekurs auf übergeordnete Weisheit ➢ Fremdsteuerung ➢ Verallgemeinerbare Regelungen ➢ Suche nach der einen Perspektive ➢ Regelung durch Entscheidung im Konflikt ➢ Problembegrenzung ➢ Überzeugen	➢ Suche nach Lösungen ➢ Sachorientierung ➢ Vertrauen auf Weisheit der Betroffenen ➢ Selbstregulation ➢ Einzelfallregelungen ➢ Akzeptieren unterschiedlicher Sichtweisen ➢ Regelung durch Erreichen von Konsens ➢ Problemausweitung ➢ Zuhören

aus: Bitzer et.al. 2002, S. 122

Zur Identifizierung weiterer Unterscheidungen zwischen klassischen Instrumenten der Konfliktbearbeitung und Mediation geben uns die *Grundprinzipien* der Mediation wichtige Hinweise.

Die *Grundprinzipien einer Mediation* sind:

- Freiwilligkeit des Verfahrens
- Eigenverantwortlichkeit und Autonomie der Konfliktpartner
- Vertraulichkeit des Verfahrens
- Informiertheit
- Ergebnisoffenheit
- Allparteilichkeit des Mediators / der Mediatorin.

Insbesondere die mediativen Grundsätze „Freiwilligkeit“, „Verfahrenskontrolle“, (Autonomie) „Ergebnisverantwortung“ (Eigenverantwortlichkeit) und „Vertraulichkeit“ signalisieren den Grenzverlauf zu den klassischen Verfahren der Konfliktbearbeitung.

Ein *Gerichtsverfahren* bleibt allenfalls für die Partei, die das Verfahren angestrengt hat, freiwillig. Auch die Verfahrenskontrolle ist Ihnen in einem gerichtlichen Verfahren nicht möglich. Jedoch läßt die Mediation den Beteiligten breiten Raum, das Verfahren mitzugestalten. Die Medianten haben z.B. freie Hand in der Wahl der Themen und in der Festlegung der Reihenfolge in der die Themen bearbeitet werden sollen.

Bei den „klassischen“ Verfahren ist diese Einflußnahme nicht mehr gegeben. Mit der Delegation der Verfahrensherrschaft und die Übertragung der Entscheidungsbefugnis auf Dritte, geht die Einflußnahme weitgehend verloren. So ist z.B. bei einem staatlichen Gerichtsverfahren keine Einflußnahme auf das Verfahren mehr möglich. Der/die Richter entscheiden über Verfahren und Sache. Damit gibt ein gerichtliches Verfahren auch keine Grundlage mehr für eigenverantwortliche Beteiligung der Konfliktparteien.

Das Gericht spricht ein Urteil – bestimmt ein Ergebnis für den Konflikt. Keine der beteiligten Konfliktparteien kann an diesem Spruch mitgestalten, keine Partei kann und muss für die Entscheidung des Gerichtes eigene Verantwortung übernehmen.

Der für eine Mediation zentrale Aspekt der Vertraulichkeit kann durch ein Gerichtsverfahren nicht gewährleistet werden. In aller Regel sind die Sitzungen des Gerichts öffentlich, die Medien haben zudem ein Interesse daran, Streitfälle aus der Wirtschaft zu Geschichten zu machen (vgl. Tchibo und Birkenstock).

Mit einem Mediationsverfahren ist zwischen allen Beteiligten die Vertraulichkeit verabredet und garantiert. Befürchtungen vor falscher Öffentlichkeit und Imageschädigungen für das Unternehmen einhergehend mit Vertrauensverlust und Wertverlust der Gesellschafts- und Aktienanteile, sind auszuschließen. (vgl. Ponschab / Dendorfer 2002, S. 1029).

In einem *Schiedsverfahren* bleibt den Parteien in engen Grenzen eine Kontrolle zum Verfahren erhalten. Sie haben die Möglichkeit, den „Schiedsrichter“ selbst zu bestimmen und auch Wünsche zur Verfahrensgestaltung zu benennen. Eine eigene und eigenverantwortliche Entscheidungsmöglichkeit wird ihnen aber hierdurch nicht eröffnet.

In einer *Mediation* bleibt den Parteien ein großer Einfluß auf den Verfahrensablauf und vor allen Dingen auf die Inhalte erhalten. Für die Ergebnisgestaltung bleibt den beteiligten Konfliktparteien völlige Freiheit. Dafür müssen sie aber auch die Verantwortung für ein erreichtes Ergebnis zu tragen (Eigenverantwortlichkeit)! Die Parteien akzeptieren mit der Wahl des Mediationsverfahrens jedoch das Risiko, keine Lösung für den Konflikt finden zu können. Dieses Risiko besteht bei den „klassischen" Verfahren nicht. (vgl. ausführlich z.B. Risse 2003, S. 14 ff)

Abbildung 3: Die vier grundlegenden Konfliktlösungsverfahren

	Gerichtsverfahren	**Schlichtung**	**Mediation**	**Verhandlung**
Grad der Freiwilligkeit	Unfreiwillig (wenn Beschuldigter)	Zumeist freiwillig	freiwillig	freiwillig
Auswahl eines Vermittlers	Keine Wahlmöglichkeit	Wahlmöglichkeit	Parteien wählen Mediator aus	Kein Vermittler
Expertenwissen der dritten Partei	Rechtsexperte	Sachverständige mit ganz speziellem Wissen und hoher Reputation	Je nach Konfliktart Fachexperte und/oder Rechtsexperte; in jedem Fall Mediator/in	Keine Unterstützung durch eine dritte Partei
Grad der Formalität	Formalisierter, strukturierter Prozess mit festen Regeln	Regeln sind bedingt beeinflussbar, insgesamt ist Prozess formalisiert	Kein formales Verfahren, Mediation strukturiert Verhandlung, Parteien können Einfluss auf Verlauf nehmen;	Normalerweise nicht formal, wenig bis gar nicht strukturiert
Ergebnis	Entscheidung nach Prinzipien, die durch das Recht vorgegeben sind	in der Regel Kompromiss;	ein für beide Parteien akzeptables Ergebnis wird angestrebt (win-win)	Akzeptables Ergebnis wird gesucht
Eingenverantwortlichkeit	nicht gegeben	nicht gegeben	gegeben	gegeben
Vertraulichkeit	nicht gegeben	nicht gegeben	gegeben	bedingt gegeben

aus: Altmann et.al. 1999, S. 27; eigene Ergänzungen

Die folgende Übung ermöglicht Ihnen die praktische Anwendung und Umsetzung des erarbeiteten Wissens aus Kapiteln 6 und Kapitel 7.

Übung zur Sicherung des Lernstoffes:

Bitte ordnen Sie die folgenden Charakteristika dem

***Gerichtsverfahren = GV** oder der **Mediation = M** zu.*

Positionen treffen aufeinander		Konflikte, bei denen die Beziehungen der Parteien in Zukunft keine Rolle spielt	
Interessen werden sichtbar gemacht		Präventive Zielvorstellungen schwingen mit, Lerneffekte werden angestrebt	
Vergangenheitsbewältigung		Nullsummenspiel, Normalerweise kann nur eine Partei „Recht bekommen	
Zukunftsgestaltung		Nachträgliche Regelungen, die Unrecht beseitigen soll	
Es gibt gemeinsame Ziele		Such nach Kooperationsgewinnen. Win-Win-Strategie, beide Seiten gewinnen etwas	
Mehrdimensionales Vorgehen, das sowohl Beziehungs- als auch Sachebene mit einbezieht			

Zusammenstellung nach Altmann et.al. 1999, S. 42

Zusammenfassung:

Bei einer Mediation werden Entscheidungen nicht hauptsächlich auf Basis von Gesetzen oder unter Einhaltung bestimmter DIN-Normen oder Verwaltungsvorschriften getroffen, sondern im Wesentlichen auf Grundlage der Interessen und Bedürfnisse der Beteiligten. Mediation geht davon aus, daß die Konfliktparteien selbst die Spezialisten für ihren Konflikt sind. Sie selbst wissen am besten, welche Lösung für ihren Konflikt möglich und gut ist.

Mediation bietet den Konfliktbeteiligten ein hohes Maß an Eigenverantwortlichkeit und Autonomie. Es ist die bewußte Entscheidung der Medianten, weder ihre Autonomie noch ihre eigene Verantwortung an einen Dritten delegieren zu wollen. Insofern steht Mediation auch für Mitbestimmung und Partizipation und für die eigenverantwortliche Gestaltung der Lebens- und Arbeitswelt.

Mediation – auch Wirtschaftsmediation – ist damit im Gegensatz zu den klassischen Instrumenten auch ein Baustein zur Stärkung gesellschaftlicher Emanzipation und zur Stärkung der Mitbestimmung im Wirtschaftsleben!

8. Kosten unterschiedlicher Verfahren einer Konfliktbearbeitung

Nicht nur bestehende Konflikte verursachen Kosten (vgl. Kapitel 4). Auch die Konfliktbearbeitung und Konfliktlösung sind nicht kostenlos. Jedoch gilt hier der Grundsatz: *je früher mit der Konfliktbearbeitung und dem Lösungsversuch begonnen wird, desto geringer werden die Kosten hierfür sein.*

Bei der Entscheidung für ein bestimmtes Verfahren einer Konfliktbearbeitung spielen u.a. die *Kosten der Streitbeilegung* eine Rolle. Jedes Verfahren zur Konfliktbewältigung ist spezifisch und verursacht in seiner Anwendung unterschiedlich hohe Kosten. Im Folgenden beleuchten wir exemplarisch die Kosten eines *Gerichtsverfahrens* und die einer *Einigungsstelle nach BetrVG* im Vergleich zur *Mediation:*

8.1 Kosten einer Mediation und einer gerichtliche Klärung

Die Kosten eines Mediationsverfahrens mit denen eines Gerichtsprozeses zu verglichen, ist methodisch nicht ohne Probleme. So sind zum Beispiel variable Kosten des Verfahrens nur schwer zu kalkulieren. „Der Vergleich zur Mediation ist deshalb problematisch, weil in der Mediation variable Kostenpositionen dominieren, die insbesondere von der Gesamtdauer des Verfahrens und nicht vom Streitwert abhängen. Bei den übrigen Kostenpositionen hängt es vom spezifischen Verfahren ab, ob diese überhaupt anfallen. Wer hier Vergleichsberechnungen vornimmt, bewegt sich daher schnell im spekulativen Bereich" (Risse 2003, S. 493). Trotz dieser wichtigen Einschränkungen stellen wir im Folgenden für die beiden „klassischen" Wege der Konfliktbearbeitung einige Eckpunkte der jeweiligen Kosten dar.

Mediation ist eine fachlich qualifizierte Dienstleistung, die natürlich ihren Preis hat. Die Streitparteien zahlen dem Mediator / der Mediatorin ein ***Honorar***. Eventuell müssen die Kosten für beteiligte Anwälte der Parteien bezahlt werden. Es entstehen Kosten für die persönliche Anwesenheit der Streitparteien während der gesamten Verfahrensdauer, es müssen Räumlichkeiten für die Verhandlungen angemietet werden und es müssen Gebühren für eine Mediationsvereinbarung bezahlt werden. Alle entstehenden Kosten eines Mediationsverfahrens werden zu gleichen Anteilen auf die beteiligten Streitparteien verteilt.

Bei einer gerichtlichen Auseinandersetzung berechnen sich die Kosten nach dem in Rede stehenden Streitwert / Gegenstandswert. Seit Mai 2004 regelt das „Gesetz über die Vergütung der Rechtsanwältinnen und Rechtsanwälte" – Rechtsanwaltsvergütungsgesetz – RVG- die Vergütungen der tätig werden Anwälte. Seit Juli 2006 beinhaltet dieses Gesetz auch in § 34 Regelungen zur Vergütung von Mediation und außergerichtlichen Tätigkeiten von Anwälten. (vgl. RVG, § 34)

Bei einer gerichtlichen Auseinandersetzung müssen die Streitparteien selbst nicht anwesend sein, für den Gerichtssaal muss keine Miete gezahlt werden. Die Kosten werden (meistens) der unterlegenen Streitpartei zugeordnet.

Ein gerichtliches Urteil ist ein Vollstreckungstitel, der von einem Richter geschlossene Vergleich hat den Wert einer notariellen Beurkundung.

In einer Wirtschaftsmediation verursachen solche „Vollstreckungs- und Formfragen" zusätzliche Kosten.

Die Literatur legt unterschiedliche Musterrechnungen zu den Kosten einer Streiterledigung durch Gerichtsprozess und durch Mediation vor. Allerdings berücksichtigen diese Musterrechnungen noch nicht die Neuregelungen des RVG seit 2004. Wir verzichten daher auf eine detaillierte Benennung einzelner Kostengrößen. (zu weiteren Details vgl. Risse 2003, S. 493ff)

Die folgende Abbildung 4 verdeutlicht den Verlauf der Kostenkurven unterschiedlicher Konfliktlösungsverfahren in Abhängigkeit zum jeweiligen Streitwert.

Abbildung 4: **Kosten nach Streitwert und Verfahren**

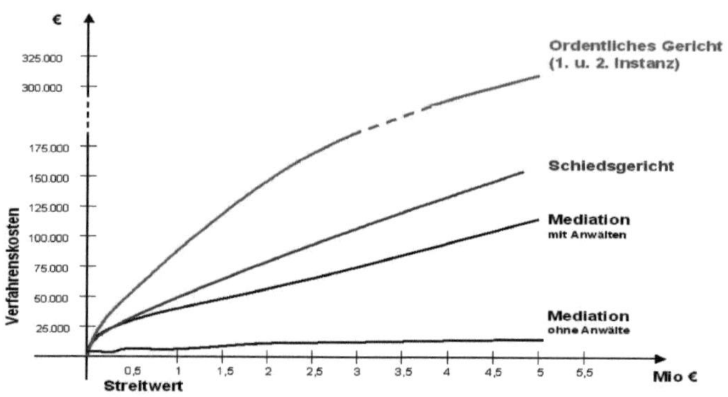

Quelle: gwmk, 2004

Hiernach profitieren Betriebe oder Streitparteien, die sich für ein Mediationsverfahren entscheiden unter Kostengesichtspunkten bereits bei geringeren Streitwerten. Diese Kostenvorteile vergrößern sich mit steigendem Streitwert.

Zur Vertiefung derartiger Kostenrechnungen sowie zum weiteren Studium von Methoden und Verfahren der „Prozeßrisikoabschätzung bzw. Prozeßkostenanalyse" verweisen wir u.a. auf: Risse 2003, S. 353 ff sowie S. 490 f; Risse / Wagner 2002, S. 1011; Eidenmüller 2003, S. 225 ff. Zu den Kosten von Arbeitsgerichtsprozessen nennt Disselkamp 2004, S. 172 ff einige Eckwerte.

„Rund 5.000 mal im Jahr rufen die Chefs Deutscher Unternehmen die Gerichte an, um über Streitwerte in Höhe von 500.000,- Euro und mehr zu streiten. Ein Streitwert von 1 Mio. Euro führt bereits in der 2.Instanz incl. Anwälten zu Kosten von rund 84.000,- Euro, ein Streitwert von 10 Mio. Euro zu Kosten von rund 590.000,- Euro und ein Streitwert von 100 Mio. Euro sogar zu Kosten von ca. 5,7 Mio. Euro. In der Summe addieren sich die einzelnen gerichtlich gelösten Konflikte zu Prozeßkosten von weit mehr als einer Mrd. Euro. Würden die Unternehme nur die Hälfte dieser Konflikte durch Mediationsverfahren lösen, könnten sie einen Beitrag im hohen dreistelligen Millionenbereich sparen". (Disselkamp 2004, S. 178).

8.2 Kosten einer Mediation und Einigungsstelle nach BetrVG

Die Regelungen im BetrVG bestimmen ausdrücklich, dass der Arbeitgeber die Kosten der Einigungsstelle zu tragen hat (§ 76a). Kosten entstehen durch die Vergütung des / der Vorsitzenden sowie für die externen Beisitzer, für den Aufwandsersatz der Mitglieder der Einigungsstelle. Ebenso entstehen Kosten für Raummiete, technische Ausstattung, Büromaterial, Büropersonal (Geschäftsstelle) etc. Wenn für die Klärung des Konfliktes besonderes Fachwissen von Sachverständigen nötig ist, werden die Kosten der Sachverständigen auch dem Arbeitgeber zugeordnet.
Die Höhe der so entstehenden Kosten ist mithin abhängig von jeweiligen Verfahren. Die Angaben zu den Durchschnittskosten eines Einigungsstellenverfahrens differieren enorm. So beziffern Hase et.al. (1998) die durchschnittlichen Kosten mit 7.000,- EUR, räumen jedoch ein, daß bei Einigungsstellen, die sich über mehrere Sitzungstage hinziehen, sehr schnell ein Vielfaches dieses Betrages zusammenkommen kann. (vgl. IGM 2004, S. 65).
Eyer (2004) benennt Kosten von „etwa 10.000 EUR pro Tag für den Vorsitzenden der Einigungsstelle sowie externe Beisitzer als Sachverständige.
Die Kosten einer Wirtschaftsmediation liegen bei ca. 30% der Kosten einer Einigungsstelle! (Eyer 2004, S. 140).

9. Wirtschaftsmediation

Immer dann, wenn Vertrags- oder Geschäftsbeziehungen auf Vertrauen und Kooperation angewiesen sind und wenn sie längerfristig bestehen sollen, ist eine Konfliktlösung durch Mediation geeigneter, als die Klärung durch ein gerichtliches Verfahren. Dieses ist auch dann der Fall, wenn es über die Möglichkeiten und Chancen einer rechtlichen Lösung Unsicherheiten gibt.
In den Unternehmen der Bundesrepublik gibt es jedes Jahr schätzungsweise 600 Mediationsverfahren. In drei von vier Fällen ersparen sich die Unternehmen dadurch ein Gerichtsverfahren. (vgl. Disselkamp 2004, S. 179).

Was ist das besondere an Mediationsverfahren der Wirtschaft? Worin unterscheidet sich die Wirtschaftsmediation von anderen Mediationsverfahren?

9.1 Begriffsbestimmung

„Mediationsverfahren in der Wirtschafts- und Arbeitswelt haben die Aufgabe, bei Konflikten zwischen Personen und Unternehmen, die am Wirtschaftsleben teilnehmen, oder bei Konflikten innerhalb von Betrieben die Dialog-, Kooperations- und Gestaltungsfähigkeit der Beteiligten zu fördern. Ziel ist eine einvernehmlich bindende Regelung unter Beachtung gesetzlich vorgeschriebener Formvorschriften“ (Richtlinie BMWA, Pkt. 1.1)

Im Regelfall handelt es sich bei einer Wirtschaftsmediation um die Lösung von Konflikten zwischen Unternehmen oder einem Unternehmen und einer wirtschaftlich selbständig agierenden Einzelperson (vgl. Risse 2003, S. 36). In der Abgrenzung zu anderen Mediationsverfahren oder –formen definiert Risse die Wirtschaftsmediation als „Optimierung eines Verhandlungsvorganges“ durch den Mediator / die Mediatorin. Für ihn geht es hierbei nicht um therapeutische Elemente in der Mediationstechnik, sondern eher um sachverhaltsorientierte und rechtlich ausgerichtete Verhandlungsgestaltung (vgl. Risse 2003, S. 36).

9.2 Abgrenzung der Wirtschaftsmediation

Nach Risse (2003) geht es bei der Wirtschaftsmediation um Geld der involvierten Unternehmen. Es geht nicht darum, die Konfliktlösungskompetenz der Beteiligten zu verbessern. „Die unzureichende Konfliktlösungskompetenz eines Unternehmensrepräsentanten ist in der Wirtschaftsmediation auch selten, da dieser von dem Konflikt meist nicht persönlich betroffen ist und sich deshalb keine psychologisch-emotional bedingten Wahrnehmungsstörungen einstellen“. (Risse 2003, S. 30).

Natürlich geht es in der Wirtschaftsmediation um die Lösung von materiellen (wirtschaftlichen) Konflikten. Aber: „Auch wenn es in der Wirtschaft oft um materielle Dinge wie Geld geht, handelt niemand ohne Gefühle. Diese können sogar angesichts vordergründig sachlicher Differenzen ganz erhebliche Auswirkungen auf die Beziehung zwischen den Beteiligten haben. Sach- und Beziehungskonflikte überlagern sich häufig.“ (Duve 2003, S. 126).

Wir haben bereits in Kapitel 2.1 dieses Skriptes herausgearbeitet, daß betriebliche Konflikte durchaus „soziale Konflikte" sind, die selbstverständlich auch mit Emotionen der Beteiligten zu tun haben. Deshalb muss die Lösungsarbeit solcher Konflikte im Wirtschaftsleben auch auf die Sach- *und* Beziehungsebene ausgerichtet bleiben. Gleichwohl unterscheidet sich die Wirtschaftsmediation von andern Formen der Mediation.

9.2.1 Wirtschaftsmediation und Familienmediation

In einer Familienmediation geht es u.a. um Trennung und Scheidung, um die Betreuung und Versorgung der Kinder. Es geht mithin um Konflikte mit lebensgestaltender Bedeutung. (Familienmediation kann ebenso Mehrgenerationenkonflikte, Konflikte zwischen Familienangehörigen, Partnerstreitigkeiten, Streitigkeiten in Wohngemeinschaften etc. bearbeiten; vgl. Mähler/Mähler 2002, S. 916 f)

Die Mediation muß hierbei in besonderer Weise den Prozess so strukturieren, das die Konfliktparteien fähig werden, „den vergangenheitsorientierten, emotional aufgeladenen, schuldzuweisenden Bereich ihrer Beziehung soweit einzugrenzen, dass sie die Bereitschaft gewinnen, zukunftsorientiert für sich und ihre sachlichen Interessen einzutreten und im Verständnis auch der Interessen des Konfliktpartners und ihrer Sicht der Realität wechselbezüglich zu gemeinsamen, wertschöpfenden Lösungen zu gelangen." (Mähler/Mähler 2002, S. 896)

Dieser deutliche *Zukunftsbezug* ist in der Wirtschaftsmediation weniger stark ausgeprägt. Selbstredend versucht auch die Wirtschaftsmediation, Geschäftsbeziehungen beizubehalten und wirtschaftlich wichtige Kooperationsbezüge zu stabilisieren. Damit ist sie ohne Zweifel der Zukunft zugewandt. Dennoch geht es den Parteien in der Regel „einfach darum, den Streit rasch zu beenden und kostengünstig beizulegen und einen Gerichtsprozess zu vermeiden. Sie suchen die effektivste Möglichkeit, den Konflikt zu beenden." (Risse 2003, S. 32).

Die emotionale Kompliziertheit einer Familien- oder Scheidungsmediation zieht u.a. auch eine längere Verfahrensdauer als die Wirtschaftsmediation nach sich. Für eine Familien- / Scheidungsmediation können wir von einem Zeitraum bis zu zwei Monaten ausgehen, in dem bis zu zehn zweistündige Sitzungen angesetzt sind. Diese zeitliche Streckung des Verfahrens hilft, eine emotionale Überforderung der Parteien zu vermeiden bzw. einzugrenzen. Ein Verfahren der Wirtschaftsmediation wird hingegen häufig mit einer ganztägigen Verhandlungsrunde abgeschlossen.

9.2.2 Wirtschaftsmediation und Mediation im öffentlichen Bereich

Bei „Mediation im öffentlichen Bereich" geht es um Konflikte über den Schutz der Umwelt (Umweltmediation) und um Konflikte über alle Formen öffentlicher wirksamer Maßnahmen und Planungen von staatlichen und privaten Institutionen und Organisationen, die Auswirkungen auf eine „gesellschaftlich relevante Zahl von Menschen" haben (Zillessen 2002, S. 1171). Mediation im öffentlichen Bereich bearbeitet Konflikte im Bereich Planen, Bauen, Umwelt. Damit steht die Mediation im öffentlichen Bereich in „engem Zusammenhang mit dem Problem der politischen Steuerung einer hochdifferenzierten Gesellschaft" (Zillessen 2002, S. 1172).

Bekannte Beispiele für Mediationsverfahren im öffentlichen Bereich sind: Ausbau des Flughafen Frankfurt, Ausbau des Flughafens Berlin-Brandenburg International BBI; Sonderabfalldeponie Münchehagen bei Hannover, Ausbau der B10 zwischen Pirmasens und Walmersbach (Rheinland-Pfalz) – dieses Mediationsverfahren ist 2005 gescheitert.

Nicht nur diese deutliche politische Prägung unterscheidet die Mediation im öffentlichen Bereich von der Wirtschaftsmediation. In der Wirtschaftsmediation geht es um einen existenten Konflikt, der gelöst werden soll. Bei einer Mediation im öffentlichen Bereich (Umweltmediation) geht es häufig um Planungen oder Vorhaben, die noch nicht klar fixiert sind. Die Umweltmediation bietet eine Art zur Entscheidungsfindung an, die das Entstehen von Konflikten antizipiert. (Zillessen 2002, S. 1178). „Das gesamte Verfahren ist also zwingend auf eine Zukunftsgestaltung, nicht auf eine Vergangenheitsbewältigung, ausgerichtet." (Risse 2003, S. 34).

Eine Besonderheit der Mediation im Öffentlichen Bereich liegt darin, daß sie im allgemeinen Konflikte von vielen Parteien zum Gegenstand hat (Vielparteienkonflikte). Hieraus folgt, daß in der Regel ein *Mediatorenteam* nötig ist, um solche komplexen Verfahren durchzuführen. Umweltmediationen sind in der Regel Gruppenmediationen. (vgl. Diez 2005, S. 169).

Auf die Abgrenzung der Wirtschaftsmediation zu weiteren Arbeitsgebieten der Mediation soll hier verzichtet werden. Eine differenzierte Darstellung zu den Besonderheiten weiterer Anwendungsgebiete zeigen Haft/Schlieffen 2002 im „Handbuch Mediation“. Hier sind zum Beispiel dargestellt: Mediation im Erbrecht (Beisel, § 35, S. 929 ff); Mediation im Arbeitsrecht (Prütting, § 36, S. 950 ff); Mediation im Privaten Baurecht (Kraus, § 37, S. 967), Mediation in der New Economy (Horst, § 40, S. 1054 ff); Mediation im Insolvenzrecht (Kassing, § 41; S. 1069 ff); Mediation im Verwaltungsrecht (Holznagel/Ramsauer, § 44, S. 1124); Mediation im Sozialrecht (Kilger, § 45, S. 1156 ff); Mediation im Gesundheitswesen (Ewig, § 47, S. 1198); Mediation beim Täter-Opfer-Ausgleich (Kerner, § 49, S. 1252 ff); Online-Mediation (Lüer, § 50, S. 1275 ff).

10. Besonderheiten im Verfahren einer Wirtschaftsmediation

Neben den beschriebenen eher systematischen Unterschieden und Abgrenzungen der Wirtschaftsmediation von andern Formen der Mediation wollen wir im Folgenden die Besonderheiten im Verfahren einer Wirtschaftsmediation transparent machen.
Hiermit wollen wir Ihnen auch einige *praktischen Hinweise und Tips* an die Hand geben, die Ihnen zur Vorbereitung und Durchführung einer Wirtschaftsmediation hilfreich sein können.

10.1 Vorbereitung

Viele Beteiligten einer Wirtschaftsmediation nehmen entweder erstmals an einem solchen Verfahren teil und haben daher kaum konkretes Wissen zum Ablauf des Verfahrens. Andere Beteiligte haben viel Erfahrung im Umgang mit juristischen Auseinandersetzungen, mit staatlichen Gerichtsverfahren und mit Anwälten. Sie übertragen diese Erfahrung auf die Wirtschaftsmediation und gehen davon aus, dass ihre Anwälte schon alles regeln werden. Solche falschen Annahmen müssen bereits im Vorfeld korrigiert werden. Alle Beteiligten eines Mediationsverfahrens müssen vorher wissen, was sie erwartet. Deshalb ist eine ausführliche Information über das Verfahren, die Struktur, die Grundregeln, die Unterschiede zum gerichtlichen Verfahren etc. vor Beginn der Mediation wichtig. Hierbei kommt es darauf an, allen Beteiligten die gleichen Informationen zukommen zu lassen.

Mit der Vorabinformation sollten die Parteien auch die Prinzipien einer Mediation kennenlernen: *Freiwilligkeit* ihrer Teilnahme; *Vertraulichkeit* der Verhandlungen, *eigene Verantwortung* für die Inhalte und Vereinbarungen, *Allparteilichkeit* / Neutralität des Mediators / der Mediatorin, fehlende Entscheidungsbefugnis des Mediators / der Mediatorin sowie *Offenheit* hinsichtlich des Ergebnisses und *Informiertheit* während des gesamten Verfahrens.

Ebenso ist der Hinweis wichtig, dass es sich bei der Mediation nicht um eine Rechtsberatung oder eine rechtliche Beratung handelt.

Nach Austausch dieser grundlegenden Informationen und nachdem die Parteien sich auf ein Mediationsverfahren und auf Sie als Mediator/in geeinigt haben, sollte ein *Mediationsvertrag* abgeschlossen werden.

Ein Mediationsvertrag zwischen den Parteien und dem Mediator legt wechselseitig die Rechte und Pflichten fest. Vertragsparteien des Mediationsvertrages sind die Konfliktparteien auf der einen Seite und der Mediator die Mediatorin auf der anderen Seite.

Mit dem Vertrag sollten folgende Aspekte geregelt werden:

- Benennung der Beteiligten (Parteien und Mediator)
- Bezeichnung des Konfliktes
- Beauftragung des Mediators
- Aufgaben des Mediators
- Klarstellung, dass das Mediationsverfahren keine Rechtsberatung ist
- Pflicht zur Vertraulichkeit
- Honorar des Mediators
- Ort, Zeit und Absage von Verhandlungsterminen
- Kündigung des Vertrages
- Haftungsregelung (Ausschluss oder Begrenzung)
- Zeugnisverweigerungsrecht des Mediators

(vgl. Risse 2003, S. 134 ff; Hacke 2004, S. 300 ff; Stoppkotte 2004b, S. 102; Gutjahr 2004, S. 112 f). Zur Erstellung eines Mediationsvertrages gibt es Musterverträge, die auf unterschiedliche Gegebenheiten zugeschnitten sind. So stellt u.a. die Gesellschaft für Wirtschaftsmediation und Konfliktmanagement e.V. (gwmk) Musterverträge und Musterverfahrensordnungen zur Verfügung (www.gwmk.org); ebenso die Handelskammer Hamburg (Hamburger Mediationsordnung – www.hk24.de).

Muster – Mediationsvertrag (Risse 2003)

Mediatorvertrag

zwischen

1. Alpha GmbH, vertreten durch ....., Adresse, **Alpha**

2. Beta AG, vertreten durch......, Adresse, **Beta**

Alpha und Beta zusammenfassend **Parteien**

und

Herrn Gamma, Adresse **Mediator**

§ 1 Bezeichnung des Konflikts

Die Parteien streiten um wechselseitig erhobene Ansprüche aus einem am 20. Dezember 2000 geschlossenen Werkvertrag über die schlüsselfertige Errichtung einer Sporthalle in Lippstadt. Der Vertrag sieht vor, dass alle Streitigkeiten aus diesem Vertrag vor Anrufung eines Gerichts einem Mediationsverfahren zugeführt werden.

§ 2 Beauftragung des Mediators

Die Parteien beauftragen den Mediator mit der Durchführung des Mediationsverfahrens, in dem gemeinsam eine Einigung für den Konflikt gesucht werden soll. Der Mediator erklärt sich zur Übernahme seiner Aufgab bereit. Er versichert dass er zu keiner Partei vor seiner Benennung zum Mediator geschäftliche Beziehungen unterhalten hat und dass nach seinem besten Wissen keine Umstände vorliegen, die den Anschein einer Befangenheit begründen können.

§ 3 Aufgabe des Mediators

Der Mediator übernimmt die Aufgabe, die Parteien bei einer strukturierten Verhandlung über die Lösung des Konflikts zu unterstützen und zu beraten. Er hat die Beilegung des Konflikts zu fördern. Über die Einzelheiten des Verfahrens werden sich die Parteien mit dem Mediator zu Beginn des Verfahrens und gegebenenfalls auch im Verlauf der Verhandlungen abstimmen Der Mediator hat keine Entscheidungsbefugnis über den Konflikt insgesamt oder einzelne Aspekte des Konflikts.

§ 4 Keine Rechtsberatung

Der Mediator weist darauf hin, dass er keine juristische Ausbildung besitzt und er keinen Rechtsrat erteilen kann und wird. Soweit die Parteien Rechtsrat benötigen, werden sie diesen über ihre Rechtsanwälte einholen.

§ 5 Pflicht zur Vertraulichkeit

Das Mediationsverfahren ist vertraulich. Er Mediator verpflichtet sich während und nach Abschluß der Mediation zu vollständigem Stillschweigen gegenüber Dritten. Die Parteien verpflichten sich, den Mediator in einem möglichen Gerichtsverfahren nicht als Zeugen zu benennen. Der Mediator wird bestehende Aussageverweigerungsrechte in Anspruch nehmen.

§ 6 Honorar des Mediators

Der Mediator erhält für seine Tätigkeit ein nach Zeitaufwand bemessenes Honorar. Dieses Honorar beträgt 300 Euro/h zuzüglich der gesetzlichen Mehrwertsteuer und Auslagen. Dieser Stundensatz gilt auch für die Vorbereitung des Verfahrens und die Vorbereitung einzelner Mediationssitzungen. Für die Zahlung des Honorars haften die Parteien als Gesamtschuldner. Der Mediator kann einen Vorschuss auf sein Honorar anfordern.

§ 7 Ort, Zeit und Absage von Verhandlungsterminen

Die Verhandlungstermine finden bis auf weiteres in den Geschäftsräumen des Mediators, Adresse, statt. Die Absage eines Verhandlungstermins durch eine Partei muss gegenüber dem Mediator spätestens 48 Stunden vor dem vereinbarten Termin erfolgen. Bei nicht fristgerechter Absage fällt das Honorar des Mediators für diesen Verhandlungstermin in voller Höhe an. Sagt die verhinderte Partei nicht fristgerecht ab, zahlt sie das für den ausgefallenen Verhandlungstermin entstandene Honorar allein.

§ 8 Haftungsbegrenzung

Der Mediator haftet für jede Verletzung seiner Pflichten nach diesem Vertrag. Seine Haftung fr einfache Fahrlässigkeit ist bei der Verletzung nicht wesentlicher Vertragspflichten jedoch auf einen Betrag von 100.000 Euro begrenzt.

§ 9 Kündigung des Vertrages

Jede der Parteien kann diesen Mediatorvertrag ohne Angabe von Gründen jederzeit kündigen. Die Kündigung erfolgt schriftlich an den Mediator und die Gegenseite. Das Kündigungsrecht gilt mit gleichem Inhalt auch für den Mediator.

Datum, Unterschriften

aus: Risse 2003, S. 137 ff

10.1.1 Organisatorische Vorbereitung

Das Banale wird zentral / Das Setting muss stimmen:

Das Schaffen einer angenehmen Verhandlungsatmosphäre ist eine wichtige Voraussetzung für das Verfahren. Es ist die Aufgabe des Mediators / der Mediatorin. (vgl. Kracht 2002, S. 381).

Die Durchführung solcher organisatorischen Vorbereitungen wird auch so genannten „Case-Developern“ (Fallentwicklern) angetragen. (vgl. hierzu ausführlicher Lenz 2003, S. 182) Bei der Vorbereitung eines Verfahrens sollten Sie sich immer vergegenwärtigen, dass die Parteien einer Mediation in einem Konflikt stehen. Sie sind angespannt, ihre Stimmung ist nicht gerade freudig. In einer solchen Stresssituation reagieren sie sehr empfindlich auf vermeidbare Unannehmlichkeiten wie z.B. schlechte Stühle, ein zu enger Raum mit schlechter Belichtung und Belüftung, ein nicht lärmgeschützter Raum, ein zu kleiner oder zu großer Tisch, keine Möglichkeit zur Visualisierung etc.

Derartige Banalitäten können schnell die Stimmung und das Wohlbefinden der Parteien beeinflussen und die Gesprächsatmosphäre verschlechtern. Die so wichtige konstruktive

Grundeinstellung der Beteiligten kann gefährdet werden, wenn zum Beispiel das freundliche Personal regelmäßig das Gespräch stört, um Getränkewünsche abzufragen, oder wenn in den Räumlichkeiten der Parteien (Beratungszimmer) weder Telefon, Fax noch Internet nutzbar sind.

Ort der Mediation

Für gemeinsame Gespräche mit den Parteien empfiehlt sich immer ein ***neutraler Ort.*** Sind die Büroräume des Mediators / der Mediatorin hierfür nicht geeignet, bieten sich Hotels oder Tagungshäuser an. Es ist vor Vorteil, zusätzlich zum Sitzungsraum, mindestens einen weiteren Raum für Einzelgespräche verfügbar zu haben.

Visualisierung

Informiertheit ist eines der Grundprinzipen einer Mediation (vgl. Studierskript.2 „Grundlagen der Mediation“). Um dieses Prinzip erfüllen zu können ist es wichtig, dass alle Beteiligte während des Verfahrens den Mediator / die Mediatorin und die Aufzeichnungen für die Beteiligten jederzeit sehen können (nicht seine / ihre persönlichen Notizen). Es ist also bei der Auswahl der Räumlichkeit auch darauf zu achten, dass Flipcharts, Pinnwände, Overhead-Projektor, Beamer, Projektionswand etc. verfügbar (und funktionsfähig) sind.
Während des Verfahrens sollten Sie als Mediator/in aber unbedingt darauf achten, dass Mitschriften, Skizzen, Flipcharts, die Sie mit nur einer Partei vertraulich erarbeiten, nicht der anderen Partei zugänglich sind. (Unsere Erfahrung zeigt, dass diese Unachtsamkeit sehr peinlich und für den weiteren Verfahrensverlauf schwierig werden kann, wenn ein Flipchart aus einem Einzelgespräch statt abgehängt zu werden, beim Umblättern für alle lesbar erscheint.)

Sitzordnung

Der berühmte „runde Tisch“ gilt als Symbol für eine geeignete Sitzordnung. Die Einschätzungen hierüber divergieren (vgl. z.B. Duve 2003, S. 112; Risse 2003, S. 145; Heussen 2002, S. 321 f; Bierbrauer 2002, S. 279).
Unstrittig ist jedoch, dass die Sitzordnung für das Verfahren eine wichtige Rolle spielt.
In jedem Raum gibt es eine Position, die man als „mächtig“ bezeichnen kann. Es ist der Platz mit dem Gesicht zur Tür und mit dem Rücken zum Fenster. Der „mächtigste Platz hat in manchen Kulturen eine allen bekannte, geradezu magische Bedeutung. In Japan

heißt er „tokonoma“ und ist dem Hausgott gewidmet, der dort thront. Niemand darf in seiner Fluchtlinie sitzen, außer dem Ehrengast. Das ist der Mediator. Er verstärkt seine regelnde Macht durch diesen Platz und wenn er sich anderswo hinsetzt, gefährdet er seinen Erfolg“. (Heussen 2002, S. 322). Dass die Platzierung der Beteiligten gravierende Rückwirkungen für die Interaktionsgestaltung haben kann, zeigt die übliche Sitzordnung in Gerichtssälen: Die Anwälte sitzen zwischen dem erhöht sitzenden Richter und den Mandaten. Damit sind die Anwälte die primären Ansprechpartner des Gerichts. Entsprechend verlaufen die Kommunikationsstränge in der Gerichtsverhandlung vom Gericht zum Anwalt und vom Anwalt zum Mandanten. (vgl. Risse 2003, S. 145 f). Für die Sitzordnung in einem Mediationsverfahren – gerade bei einem Verfahren der Wirtschaftsmediation mit der Teilnahme von beratenden Anwälten – sind diese „Gerichtserfahrungen“ wichtig. Wenn der Mediator / die Mediatorin nicht bereits die Sitzordnung festgelegt hat und die Plätze mit Namenschildern gekennzeichnet hat, steuern viele Anwälte fast instinktiv den zentralen Platz am Verhandlungstisch an. Weil jedoch die Beteiligten Parteien die wichtigsten Akteure sind und sie auch für sich selbst sprechen sollen, ist deren Sitzplatz zentraler als der Platz für die Anwälte. Es ist daher wichtig, die beteiligten Parteien unmittelbar neben den Mediator / die Mediatorin zu platzieren. Sind mehr als zwei Parteien beteiligt, ist ein runder Tisch vor Vorteil.

Pausenregelung

Erschöpfung kann dazu beitragen, verhärtete Positionen aufzulösen und gemeinsame Vereinbarungen zu erzielen. Sollten deshalb die Sitzungen so lange wie möglich dauern und zudem ohne Pause auskommen? Diese Strategie „müde Verhandlungspartner sind gute Verhandlungspartner“ (Duve 2003, S. 114) entspricht nicht dem „Geist der Mediation“. Wenn eine Lösung tragfähig und zukunftsweisend sein soll, kann sie nicht durch Übermüdung motiviert sein.

„Spätestens nach eineinhalb Stunden braucht jeder Mensch eine Pause von mindestens einer Viertelstunde, die man auch dazu nutzen muss, den Raum durchzulüften. Nicht nur die wenigen verbliebenen Raucher brauchen diese Unterbrechungen, denn die Luft wird schlecht, die Konzentration läßt nach, dass Aggressionspotential steigt – und all das tut der Verhandlung nicht gut.“ (Heussen 2002, S. 324).

Es geht aber auch um *gezielte* Pausen, die Sie als Mediator / Mediatorin vorschlagen sollten, wenn die Stimmung sich verdunkelt oder wenn erkennbar wird, dass eine der Parteien internen Abstimmungs- und Gesprächsbedarf hat.

Die Rolle des Gastgebers

Als Mediator / Mediatorin sind sie Gastgeber/in. Nicht nur, weil Sie als erste/r am Platz sind, fällt es Ihnen zu, die Teilnehmenden am Verfahren zu begrüßen. Hierbei gilt es zu vermeiden, dass die zerstrittenen Parteien ohne Anwesenheit des Mediators / der Mediatorin aufeinander treffen. „Wenn die zerstrittenen Mitglieder einer Erbengemeinschaft ohne den Mediator bereits am Verhandlungstisch Platz nehmen und sich in eisiger Stille bewußt ignorieren, ist die Verhandlungsatmosphäre bereits nachhaltig gestört, wenn der Mediator mit viertelstündiger Verspätung den Raum betritt." (Risse 2003, S. 146). Es hat sich in unserer praktischen Arbeit als sehr hilfreich erwiesen, die Parteien separat zu begrüßen und sie in ihren jeweiligen Beratungsraum zu führen. Dort können sie sich „sortieren" für die Verhandlung. Wir holen die Parteien dann in ihren jeweiligen Beratungszimmern ab und begleiten sie gemeinsam in den Verhandlungsraum. Mit diesem gemeinschaftlichen Betreten des Verhandlungsraumes beginnt die Verhandlung auch gemeinsam.

Vertraulichkeit absichern

Eine vereinbarte Vertraulichkeit werden die Beteiligten Parteien während des Verfahrens sicherlich wahren. Ebenso sollten Sie als Mediator diese wahren und zum Beispiel darauf achten, dass am Tagungsort die Hinweisschilder zur Orientierung der Gäste keine Namen der Beteiligten öffentlich nennen (zum Beispiel: „Mediatiosgespräch Fa. Meyer / Fa. Müller – Raum „Konsens" EG 1) Solche Hinweise sollten nur mit Ihrem Namen als Mediator/in oder mit einem zuvor mit den Parteien vereinbarten Stichwort versehen sein.

Auch während des Mediationsverfahrens ist es wichtig, die Vertraulichkeit durch die richtigen Verhaltensweisen zu sichern. Verläßt zum Beispiel eine Partei den Verhandlungsraum, sollten Sie als Mediator/in ebenfalls den Raum verlassen. Dabei sollten Sie Ihre eigenen Unterlagen mitnehmen.

10.1.2 Inhaltliche Vorbereitung

Die Experten sind sich uneinig, ob ein Mediator vor Beginn der Verhandlungen Informationen bei den beteiligten Parteien einholen soll oder nicht.

Sich im Vorfeld zu informieren birgt die Gefahr, durch Vorabinformationen nicht mehr offen und neutral ins Verfahren gehen zu können und an Neugier zu verlieren. Sie würden dann als Mediator/in weniger Fragen stellen. Andererseits erwächst aus einer Vorinformation der Vorteil, das Mediationsverfahren sehr differenziert vorbereiten zu können und bereits vor Beginn des Verfahrens erste Hinweise für die nötige Konfliktanalyse bekommen zu können. (vgl. Duve 2003; S. 101 ff; Risse 2003; S. 160 ff).

Ein Kriterium für eine Entscheidung zur Vorabinformation ist der Konflikttyp. Handelt es sich um einen Beziehungskonflikt, ist eine Vorbereitung im Vorfeld sicherlich weniger wichtig als bei komplexen Sach-, Grundsatz, Wert- oder Strategiekonflikten.

Wenn die Konfliktparteien im Rahmen ihrer Entscheidungsphase hin zum Mediationsverfahren zum Beispiel bereits eine Prozeßrisikoanalyse gemacht haben, liegen hieraus auch schon wichtige Informationen für das Mediationsverfahren vor. Weitere Möglichkeiten zur Beschaffung von Vorabinformationen sind Schriftsätze und Stellungnahmen, Interviews, sonstige Recherchen. Wenn die Beteiligten des Mediationsverfahrens von Rechtsanwälten begleitet und beraten werden, ist eine Vorinformation durch einen Schriftsatz oder eine schriftliche Stellungnahme meistens unproblematisch. Auch kann es hilfreich und sinnvoll sein, wenn Sie als Mediator/in mit den Beteiligten oder mit sachverständigen Dritten Informationsgespräche führen. Hierbei können Sie nicht nur Klarheit über den Konflikttyp gewinnen, sondern auch wichtige Informationen zu einzelnen Sachverhalten, Gegenständen etc. (zum Beispiel zum Funktionieren einer Maschine oder besonderer Produktionsverfahren) bekommen.

Ein besonderes Instrument zur Gewinnung von Vorabinformationen ist der *Pre-Mediation Briefing Report (PMBR):*

Pre-Mediation Briefing Report (PMBR)

Bei diesem „Report“, den Sie sich als Mediator/in von den Parteien geben lassen, handelt es sich um ein schriftliches Dokument. Im Unterschied zum Schriftsatz müssen die Beteiligten diese schriftliche Stellungnahme nach der von Ihnen als Mediator/in vorgegebenen

Gliederung verfassen. „Die Anfertigung des *pre-mediation briefing report* soll sicherstellen, daß die Beteiligten sich nicht nur auf die Begründung ihrer jeweiligen Positionen konzentrieren, sondern bereits über ihre Interessen, in Betracht kommende Einigungsoptionen sowie Nichteinigungsalternativen nachdenken und ihre Standpunkte in einem größeren Gesamtzusammenhang sehen." (Duve, 2003 S. 105)

Bei Ihren Vorgaben sollten Sie den Beteiligten durch Leitfragen bereits an den „Geist" des Mediationsverfahrens heranführen: „Welche Themen sollten wir besprechen? Welche Interessen haben die Beteiligten und wie lassen sich diese gewichten? Welche bereits jetzt vorhersehbaren mittel- und langfristigen Vorteile könnte eine Einigung der Parteien bieten, insbesondere in wirtschaftlicher Hinsicht? Welche Szenarien kommen in Betracht, wenn keine Einigung erfolgt? Gibt es Dritte, insbesondere Kunden, die Branche insgesamt, aber eventuell auch Mitbewerber, die aus einer Einigung Nutzen ziehen könnten?" (Duve 2003,S. 105 f).

Mit einem gut vorstrukturierten *pre-mediation briefing report* (pmbr) können Sie nicht nur wichtige Vorinformationen generieren, sondern auch den Prozess des Mediationsverfahrens effektiveren.

Auswertung der Informationen

Mit den gesammelten Informationen können Sie sich als Mediator/in nun ein Bild vom Konflikt machen. Ebenso kennen Sie die Sichtweisen der Beteiligten, sie können bereits einschätzen, wo Mißverständnisse liegen, wo Informationslücken bestehen könnten.

Für das Verfahren ist es aus unserer Sicht wichtig, dass Sie Ihre Zusammenfassung der gesammelten Informationen allen Beteiligten offenlegen. Hierzu bietet sich eine Visualisierung an (Flipchart, Beamer etc.). Es kommt darauf an, alle Beteiligten mit Beginn des Verfahrens auf den gleichen Informationsstand zu bringen. Transparenz und Informiertheit müssen bereits hier als Prinzipien des Verfahrens gelten.

10.2 Exkurs: Pre-Mediation

In komplexen und komplizieren Konfliktfällen kann die oben beschriebene Vorabinformation bzw. Vorklärung nicht nur per schriftlicher Stellungnahmen der Beteiligten geschehen, sondern auch durch ein *Vorverfahren* der Mediation, eine Pre-Mediation. (vgl. Lenz 2003, S. 180 ff).

Eine Pre-Mediation ist ein der eigentlichen Mediation vorgeschaltetes Verfahren, in dem nicht nur die Entscheidung zur Durchführung einer Mediation, sondern auch alle Modalitäten und Details für das Mediationsverfahren geklärt werden.
Mit diesem Vorverfahren läßt sich die Bereitschaft der Beteiligten für Lösungen feststellen, ebenso aber läßt sich deeskalieren und sogar der Einsteig in Präventivmaßnahmen finden. Damit sind die Einstiegsmöglichkeiten für ein konstruktives Mediationsverfahren sehr verbessert.
Lenz (2003) weist die Durchführung einer Pre-Mediation nicht dem Mediator / der Mediatorin zu, die das Hauptmediationsverfahren durchführt, sondern einem „Case-Developer“ (Fallentwickler) (Lenz 2003; S. 182)
Aus unserer Sicht kann die Durchführung einer Pre-Mediation dann Sinn machen, wenn die Konfliktlage sehr komplex ist und nicht alle Beteiligten das Verfahren einer Mediation kennen und einschätzen können.

10.3 Die Personen der Konfliktparteien

In vielen Mediationsverfahren steht schnell und abschließend fest, welche Personen an dem Verfahren teilnehmen. Dies gilt vor allen Dingen für kleinere und überschaubare Verfahren, unabhängig vom konkreten Konflikt bzw. Konflikttyp.
Im Bereich der Wirtschaftsmediation sind die teilnehmenden Personen dagegen nicht immer direkt erkennbar. So muss zum Beispiel bei Verfahren zwischen Unternehmen zunächst geklärt sein, welche Person(en) das/die Unternehmen im Mediationsverfahren vertreten kann.
Bei Unternehmen mit Aufsichtsräten, Vorständen, Geschäftsführungen, Rechtsabteilungen etc. ist nicht offensichtlich, welche Person das Unternehmen im Mediationsverfahren vertreten sollte. Bei der Auswahl der Beteiligten kommt es auf mehrere Aspekte an:

- die Person(en) sollte(n) die notwendige Fach- und Sachkenntnis für den Konflikt haben (wenn zum Beispiel die Funktionsweise einer Maschine oder technischen Anlage Gegenstand des Streites ist, sollten die beteiligten Personen über den nötigen technischen Sachverstand verfügen);

- die Person(en) sollte(n) unbedingt vom Unternehmen autorisiert sein, Lösungen zu entwickeln, Vereinbarungen zu treffen und die Vereinbarungen auch umzusetzen;
- die Person(en) sollte(n) in der Lage sein, jeden Sitzungstermin des Verfahrens wahrnehmen zu können. Mit einer kontinuierlichen Teilnahme ist gewährleistet, dass Transparenz und Informiertheit während des gesamten Verfahrens gewährleistet ist. Für den Erfolg des Verfahrens ist die Anwesenheit der tatsächlichen Entscheidungsträger von hoher Bedeutung.

10.3.1 Gremienvorbehalt

Eine Vertretungs- und Entscheidungsvollmacht kann bei Verfahrensbeteiligten großer Unternehmen oder bei Mitgliedern bestimmter Organe begrenzt sein. Auch Mitglieder des Vorstandes eines Unternehmens, Geschäftsführer einer GmbH, Verhandlungsführende Personen des Betriebsrates etc. brauchen für bestimmte Entscheidungen die Zustimmung ihres Gremiums. Dies kann unter Umständen das Mediationsverfahren und die Phase der Lösungsfindung beeinträchtigen.
Grundsätzlich „sollten idealerweise diejenigen an einer Mediation teilnehmen, die auf die Entscheidung über eine Einigung oder deren Umsetzung Einfluß haben. Sitzen unmittelbar oder mittelbar Betroffene nicht am Verhandlungstisch, besteht die Gefahr, daß eine zwischen den Teilnehmern erzielte Verständigung im Nachhinein erheblichen Angriffen ausgesetzt ist und keinen Bestand hat“ (Duve 2003, S. 110).

10.4 Machtungleichgewichte zwischen den Beteiligten

Streitparteien unterscheiden sich. Sie sind unterschiedlich rhetorisch geschult, sie haben unterschiedliche Erfahrungshintergründe, sie sind unterschiedlich temperamentvoll, sind unterschiedlich durchsetzungsstark oder haben gar unterschiedliche ökonomische Ressourcen. Dadurch kommt es zu Machtungleichgewichten zwischen den Konfliktbeteiligten (vgl. Risse, 2003, Seite 508 ff). Ein Automobilhersteller verfügt über größere Ressourcen als seine Zulieferer. Verfügt aber ein Zulieferer als einziger über Know-how und die technischen Möglichkeiten zur Herstellung eines Teiles für die Autoproduktion, verschafft ihm diese Macht gegenüber dem Autohersteller.

Innerhalb von Unternehmen signalisieren Hierarchien formale Machtgefüge. Solche Machtgefüge betreffen hierarchieübergreifende Konflikte zwischen Vorgesetzen und Mitarbeitern. Ebenso aber auch Konflikte zwischen Arbeitgebern und Arbeitnehmern. „Warum sollte ein Arbeitgeber eine Mediation heranziehen, wenn er den Konflikt über die Konfliktbearbeitungsebene *Macht* entscheiden kann? (Bitzer et.al. 2002, S. 119;). Im Vorfeld einer Mediation muß die Bereitschaft des „Machtinhabers" verbindlich geklärt sein, dass er während des Verfahrens auf „seine Macht" verzichtet. Dennoch besteht immer die Gefahr, dass die stärkere Partei sich während des Verfahrens nicht kooperativ, sondern eher kompetitiv verhält (vgl. Kapitel 6.5).

Formale Machtpositionen müssen aber nicht der tatsächlichen Machtverteilung entsprechen. Dieses ist zum Beispiel der Fall, wenn eine bestimmte Gruppe Angestellter für das Unternehmen eine unverzichtbare Funktion erfüllen. (vgl. Hacke 2003, S. 267). Ein Gerichtsverfahren kann derartige Machtungleichgewichte durch die „Fürsorge des Richters" (Risse 2003) bzw. die „Prozeßführung" der Anwälte ausgleichen.

Das Mediationsverfahren hat für den Ausgleich von Machtungleichgewichten zunächst keine formalisierten Hilfsmittel. Ponschab / Dendorfer (2002) halten sogar den Abbruch der Mediation durch den Mediatior / die Mediatorin für angezeigt, wenn eine Seite versucht, ihre Machtposition durchzusetzen. (vgl. Ponschab / Dendorfer 2002, S. 1042). Nach unserer Erfahrung bieten sich zwei „Strategien" für den Umgang mit Machtungleichgewichten an:

1. Zunächst ist ein offensichtliches Machtungleichheit der Beteiligten als Indikation für *Co-Mediation* anzusehen. Ein Mediatoren-Team kann besser für eine Ausgewogenheit und „Machtgleichheit" der Streitparteien innerhalb des Verfahrens sorgen. (vgl. Diez 2005, S. 230 ff; Bernhardt /Winograd 2002, S. 579).

2. Als Mediator/in sind Sie verantwortlich für das Verfahren und den Verhandlungsprozess. Damit haben Sie die Möglichkeit und die Aufgabe, die gemeinsam mit den Parteien für den Mediationsprozess aufgestellten Verfahrensregeln auch durchzusetzen. Die Einhaltung der Regeln kann die negativen Folgen von Machtungleichgewichten verringern.

Die Ausübung der Prozeßherrschaft des Mediators ist daher ein wirksames Mittel im Umgang mit Machtungleichgewichten. (vgl. Hacke 2004, S. 269)

11. Wirtschaftsmediation in der Praxis

Die vorstehenden Ausführungen haben die Komplexität, Schwierigkeiten und Einschränkungen der Wirtschaftsmediation beleuchtet. Dennoch überwiegen die Vorteile dieses kooperativen Konfliktbearbeitungsverfahrens.

Nicht zufällig werden zum Beispiel in den USA bereits seit den 80er Jahren Verfahren der außergerichtlichen Streitbeilegung konsequent angewendet. Die verschiede eine *Alternative Dispute Resolution – ADR* – gehören längst zum selbstverständlichen Teil der Unternehmen. Das *Center for Public Resources (CPR)* bietet hierzu Mediation und andere außergerichtliche Verfahren der Streitbeilegung an. Rund 4000 Unternehmen in den USA haben beim CPR eine Art Selbstverpflichtung angezeigt, dass sie im Streitfall untereinander zunächst eine außergerichtliche Regelung suchen (vgl. Kapitel 11.3 – Vertragsklausel). Seit mehr als 15 Jahren hat sich die Mediation – auch als Wirtschaftsmediation – in Europa etabliert. In England hat die dortige Industrie das *Center für Dispute Resulution (CEDR)* eingerichtet. In den Niederlanden gibt es das *Nederlands Dispute Institute*, dem vor allen Dingen größere Baufirmen angehören. (vgl. Ponschab /Dendorfer 2002, S. 1042 f, Duve 2003, S. 77).

International stark verbreitet ist die Umweltmediation. Weidner (1999) legt für die USA, Kanada, Japan, die Schweiz, Österreich, Großbritannien, Australien, die Niederlande und Italien Informationen vor. Zudem benennt er Mexiko, Indonesien, Südafrika, Nicaragua und China, in den denen Verfahren oder Verfahrensteile der Umweltmediation Anwendung finden. (Weidner 1999, S. 135 ff). In einer Studie zum „Status und den Erfahrungen mit Umweltmediation in Europa“ legen Gotwald/Zillessen/Westholm (2000) Angaben zur Umweltmediation in weiteren europäischen Ländern vor (Belgien, Dänemark, Deutschland, Finnland, Frankreich, Griechenland, Großbritannien, Irland, Italien, Luxemburg, Norwegen, Niederlande, Österreich, Portugal, Schweden, Schweiz und Spanien).

Diese Internationalität zeigt die Wirtschaftsmediation bisher nicht.

Jedoch gibt es die Mediation in China bereits seit 1954! Als staatliche Institutionen der Konfliktbeilegung wurden sie 1954 auf der untersten kommunalen Verwaltungsebene eingerichtet. Zwischenzeitlich ist die Mediation in China ein fast selbstverständliches Verfahren der Konfliktbearbeitung geworden. 1997 wurden 6,7 Mio. Mediationsverfahren durchgeführt. Im Zuge der Intensivierung der internationalen wirtschaftlichen Zusammenarbeit

Chinas, greift die Mediation auch im Wirtschaftsbereich Platz. So ist sie zwischenzeitlich für die deutsch-chinesische Wirtschaftskooperation ein wichtiger Baustein. (vgl. weitere Details bei Potsch-Ringeisen 2006, S. 358 ff).

„An der deutschen Wirtschaft ist diese Entwicklung zunächst vorbeigegangen, jedoch zeigen in den letzten Jahren auch deutsche Unternehmen und die sie beratenden Anwälte zunehmendes Interesse an den Methoden außergerichtlicher Konfliktlösung." (Ponschab / Dendorfer 2002, S. 1043).

Wie sieht die tatsächliche Anwendung der Mediation in den deutschen Unternehmen und zwischen den Unternehmen aus?

11.1 Zur tatsächlichen Anwendung von Mediation zwischen Unternehmen

Die Europa-Universität Viadrina Frankfurt (Oder) und die Beratungsgesellschaft PriceWaterhouseCoopers haben im November 2004 insgesamt 960 deutsche Unternehmen und deutsche Tochtergesellschaften ausländischer Unternehmen nach ihren Präferenzen und ihren praktischen Anwendungen von Konfliktbearbeitungsverfahren befragt (PriceWaterhouseCoopers, 2005).

Den Unternehmen waren als Antworthilfe sechs Typen der Konfliktbearbeitung vorgegeben: Verhandlung, Mediation, Schlichtung, Schiedsgutachten, Schiedsgerichtsverfahren und Gerichtsverfahren.

Die mit Abstand meisten Unternehmen haben geantwortet, daß sie für die tatsächliche Konfliktbearbeitung am meisten die Verhandlung und das Gerichtsverfahren nutzen. Allerdings gaben 83% der befragten Unternehmen an, bereits Erfahrungen mit außergerichtlichen Verfahren zu haben. Abbildung 5 illustriert die Teilergebnisse:

Abbildung 5: Einsatz der Verfahren im Vergleich

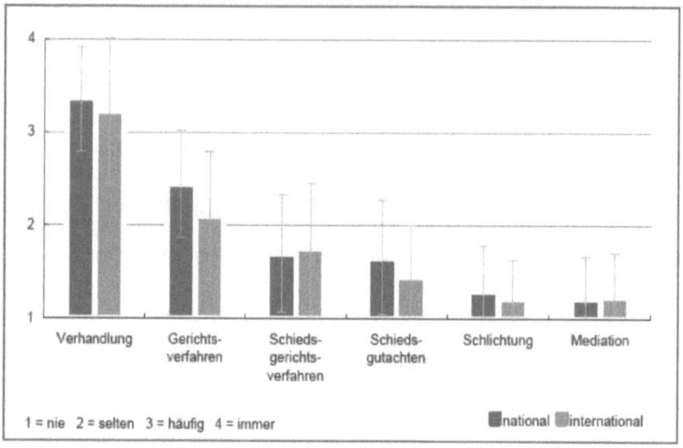

Abb. 1 Einsatz der Verfahren im Vergleich (mittlere Nutzungshäufigkeiten)[2]

aus: PriceWaterhouseCoopers 2005, S. 7

Zunächst wird der Verhandlungsweg gesucht. Nach Scheitern der Verhandlung folgt die Klärung durch ein Gerichtsverfahren.

Auf die Fragen zu den außergerichtlichen Verfahren gaben die Unternehmen folgende Antworten:

Als wichtigsten Grund für den Einsatz außergerichtlicher Konfliktbearbeitungen nennen die Unternehmen ihre Unternehmensphilosophie. Als zweithäufigsten Grund nennen sie, dass Schieds- oder Mediationsklauseln in Verträgen vereinbart worden sind. Die z.B. für eine Wirtschaftsmediation charakteristischen Aspekte wie Vertraulichkeit, Zeitersparnis oder Kostenminimierung haben offenbar einen nachgelagerten Rang.

Abbildung 6 zeigt die detaillierten Gründe für den Einsatz außergerichtlicher Verfahren:

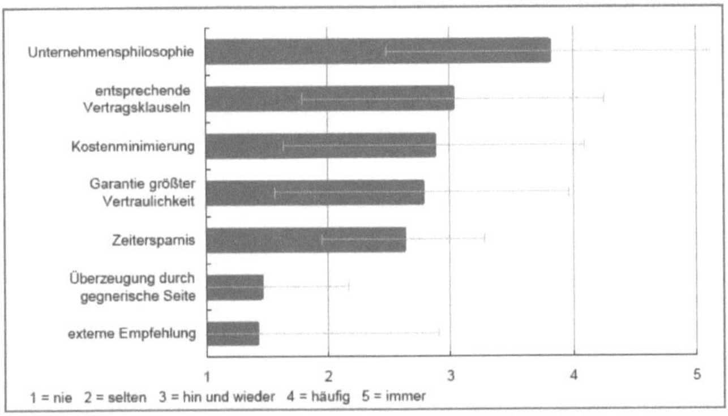

Abb. 5 Gründe für den Einsatz von außergerichtlichen Verfahren (mittlere Häufigkeiten)

Abbildung 6: Gründe für den Einsatz von außergerichtlichen Verfahren

aus: PriceWaterhouseCoopers 2005, S. 12

Zu den Gründen für die Auswahl unterschiedlicher Verfahren stellen die Autoren/Autorinnen der Untersuchung fest: „In Fällen, die insbesondere durch einen hohen Streitwert gekennzeichnet sind, wird die Einleitung eines Gerichtsverfahrens als ähnlich nahe liegend angesehen wie die Initiierung eines Schiedsgerichtsverfahrens oder eines Schiedsgutachtens. Stehen hingegen eine intensive oder eine finanziell gewichtige Geschäftsbeziehung im Vordergrund, oder weist der Konfliktgegenstand eine hohe Sensibilität auf, wird die Durchführung einer Mediation oder Schlichtung als nahe liegender eingestuft als die Einleitung eines Gerichtsverfahrens." (PriceWaterhouseCoopers 2005, S. 15). Die detaillierten Ergebnisse der Befragung weisen der Mediation große Vorteile zum Beispiel hinsichtlich Fortführung der Geschäftsbeziehungen zu. Zudem wird die Mediation in den Aspekten Verfahrensdauer sowie Vertraulichkeit des Verfahrens gleich vorteilhaft erachtet wie die Verhandlung. (a.a.O. Seite 17)

In der Gesamtbetrachtung der Vorteilsnennungen wird die Konfliktbearbeitung durch Verhandlung mit 90,8 % am besten beurteilt. *Die Mediation erreicht mit 73,9 % den zweiten Rang*, gefolgt von der Schlichtung (65,1%) dem Schiedsgutachten (60,4%). Das Schiedsgerichtsverfahren erreicht 48,5%, und das Gerichtsverfahren erreicht einen Vorteilswert von 23,3 %. (vgl. a.a.O., Seite 17). Abbildung 7 stellt die Vorteilswerte der einzelnen Verfahren dar:

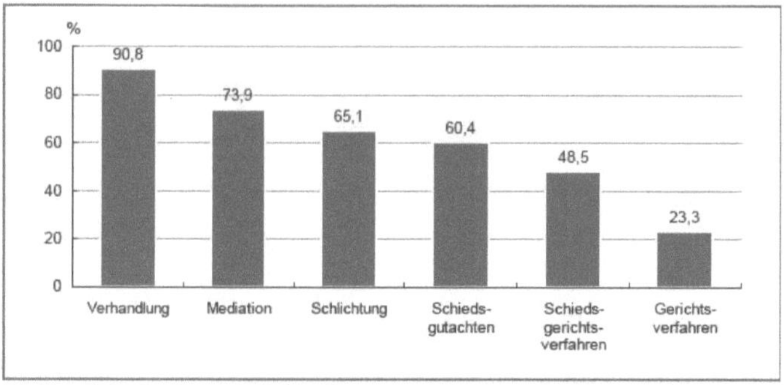

Abb. 10 Mittlere Vorteilswerte der Verfahren[6]

Abbildung 7: Mittlere Vorteilswerte der Verfahren

aus: PriceWaterhouseCoopers 2005, S. 18

Ergänzend wurden die Unternehmen auch um den Grand ihrer Zustimmung zu einzelnen vorgegebenen Thesen gebeten. Die Skala der Zustimmung reicht von 1 bis 5, wobei *1 = gar nicht* bedeutet und *5 = absolut* kennzeichnet.

Die These „Kooperative Konfliktregulierung schafft unternehmerischen Mehrwert“, wurde zwischen 4 und 5 bewertet (4= eher ja / 5= absolut). Die These „Erhalt von Geschäftsbeziehungen ist wesentlich“, wurde ebenfalls in dieser positiven Kategorie gewertet. Diese insgesamt positive Bewertung der Mediation (und weiterer außergerichtlichen Konfliktbearbeitungsverfahren) findet ihre Fortsetzung in der mehrheitlichen Meinung der befragten Unternehmen, „dass bei Konflikten zwischen Unternehmen die gemeinsame Suche nach Lösungen einen größeren Reputationsgewinn bedeutet als der Sieg vor Gericht“. (PriceWaterhouseCoopers 2005, S. 20).

Rund Dreiviertel der befragten Unternahmen bewerten die Mediation als vorteilhaftes Verfahren und trotzdem lösen sie ihre Konflikte mehrheitlich per Gerichtsverfahren.

Wie erklären sich die widersprüchlichen Ergebnisse?

Ganz offensichtlich verfügen die meisten Unternehmen noch immer über wenig praktische Erfahrungen mit außergerichtlichen Verfahren – insbesondere mit der Mediation. Bisher nehmen sie diese Verfahren – jenseits ihrer theoretischen Vorteilsbewertungen – in der Praxis noch nicht als selbstverständliche, gleichwertige Verfahrensalternativen wahr. Diese fehlende praktische Erfahrung geht einher mit einem lückenhaften Informationsstand zu den charakteristischen Merkmalen und spezifischen Anwendungsmöglichkeiten der Mediation. Die eher offenen Verfahren und die wenig reglementierte Prozessgestaltung eines Mediationsverfahrens scheinen viele Unternehmen eher zu verunsichern als zu motivieren.

Weitere Gründe und Erklärungen für die noch eher zurückhaltende Praxis der Unternehmen in der Anwendung von Mediation finden sie in den Schwierigkeiten zur Implementierung eines Konfliktmanagements in den Unternehmen. Bevor wir uns im Kapitel 11.3 diesem Aspekt zuwenden, beleuchten wir zunächst die aktuelle Praxis und tatsächliche Anwendung von Mediation *in* den Unternehmen.

11.2 Zur tatsächlichen Anwendung von Mediation in Unternehmen

Eine Befragung von rund 130 Unternehmen in Nordrhein-Westfalen legt Anfang 2006 aktuelle Daten zur Situation der Mediation *in* Unternehmen vor (Hundt 2006). Trotz einiger methodischer Einschränkungen zeigt diese Untersuchung interessante Aspekte zur tatsächlichen innerbetrieblichen Praxis der abgewendeten Mediation.

Zunächst werden die Unternehmen (Geschäftsführungen und Betriebsräte) zur Häufigkeit von Konflikten in ihrem Betrieb befragt. In auffällig kongruenter Bewertung benennen Geschäftsführungen und Betriebsräte die *Konflikthäufigkeit* in ihrem Betrieb als eher selten (75,86% der Geschäftsführungen, 72,5% der Betriebsräte). In 22,5 % der befragten Unternehmen gibt es nach Einschätzung der Betriebsräte häufig Konflikte, die Geschäftsleitungen sind zu 14,94% dieser Meinung. (vgl. Hundt 2006, S. 153)

Die meisten dieser Konflikte entzünden sich bei Personalangelegenheiten, (Betriebsräte 85%, Geschäftsführungen 67,82%) gefolgt von wirtschaftlichen Angelegenheiten (Betriebsräte 27,05%, Geschäftsführungen 37,93%) und sozialen Angelegenheiten (Betriebsräte 32,5%, Geschäftsführungen 28,74%).

Die *Bearbeitung der Konflikte* in den befragten Unternehmen vollziehen 91,3% der Betriebe durch Gespräche. Dabei wird eine Lösung des Konfliktes angestrebt. 13,04% der Betriebe schalten externe Verbandsvertreter/innen zur Lösung ein, 8,7% ruft die Einigungsstelle an, nur 2,61% nutzen die Vermittlung durch eine/n neutrale/n Dritte/n. (vgl. Hundt 2006, S. 156).

Ist Mediation diesen Betrieben fremd?

50% der Befragten in den Unternehmen sehen die Vermittlung durch einen neutralen Dritten bei Konflikten mit dem Betriebspartner als eine Lösungsmöglichkeit an. 25% der Betriebsräte befürworten dies, ebenso aber lehnen 25% der Betriebsräte und sogar 35% der Geschäftsführungen die Vermittlung durch einen neutralen Dritten ab. (vgl. Hundt 2006, S. 161) Dieser hohe Grad der Ablehnung kann mit Unkenntnis und einer geringen Bekanntheit der Mediation in den Unternehmen zu tun haben. In der Tat geben lediglich 42,52% der Befragten in den Unternehmen an, den *Begriff* Mediation zu kennen. In lediglich 2 Unternehmen kennen sowohl Betriebsrat als auch die Geschäftsführung das *Verfahren* der Mediation, in weiteren 8 Unternehmen ist der Geschäftsführung das Verfahren bekannt. (vgl. Hundt 2006, S. 162)

Angesichts dieser sehr eingeschränkten Kenntnis der Betriebe über Mediation wundert es nicht, dass lediglich 3 Unternehmen, die Mediation auch zur Konfliktbearbeitung zwischen den Betriebspartnern eingesetzt haben.

Gegenüber diesem sehr bescheidenen *tatsächlichen* Einsatz der Mediation, können sich aber 65% der Befragten in den Unternehmen *vorstellen,* Mediation zur Konfliktbearbeitung einzusetzen. (vgl. Hundt 2006, S. 169)

Die Ergebnisse diese Studie zeigen, dass das Verfahren der Mediation in den Betrieben noch weitgehend unbekannt ist. Entsprechend selten wird die Mediation auch tatsächlich eingesetzt.

Gleichwohl „können sich zwei Drittel der Befragten die Hinzuziehung eines neutralen Dritten ohne Entscheidungsmacht bei Konflikten mit dem Betriebspartner als Lösungsmöglichkeit gut vorstellen. (vgl. Hund 2006, S. 191)

Ganz offensichtlich werden die Verfahren der außergerichtlichen Konfliktregelungen in der deutschen Wirtschaft (sowohl in den Betrieben als auch zwischen den Unternehmen – vgl. Kapitel 11.1) nur sehr zurückhaltend eingesetzt. Gleichzeitig sieht aber die Mehrzahl der befragten Unternehmen diese Verfahren als sinnvoll und wünschenswert an. Eine

mögliche Erklärung für diesen Widerspruch könnten die Anforderungen an die *Implementierung von Konfliktmanagement in den Unternehmen* sein.
Deshalb wollen wir im Folgenden die Implementierung eines Konfliktmanagements in Unternehmen genauer ausleuchten.

11.3 Zur Implementierung eines Konfliktmanagements

Als wichtigste Voraussetzung für die Einrichtung eines unternehmensübergreifenden Konfliktmanagements gilt die Akzeptanz von außergerichtlichen Konfliktbearbeitungsmethoden im Unternehmen. Ein Wandel im Konfliktverständnis ist damit der Ausgangspunkt für die Gestaltung eines Konfliktmanagementsystems im Betrieb. (vgl. Hacke 2003, S. 310). Den Unternehmensführungen und den verantwortlichen Betriebsräten kommt hierbei eine besondere Verantwortung zu. Sie sollten „das Bewußtsein vermitteln, dass der neue Weg der Konfliktbewältigung besser, schneller, kostengünstiger und zufrieden stellender ist, als die althergebrachten Methoden. Entsprechendes Benchmarking zu anderen Unternehmen, die bereits Erfolge mit dem Einsatz gleichwertiger Konfliktmanagementsysteme verzeichnen können, sowie Informationen über die Vorteile kooperativer Konfliktlösungsmethoden können wichtige Hilfestellungen geben.“ (Ponschab / Dendorfer 2002, S. 1044).

Ein Konfliktmanagement ist ein komplexes System mit verschiedenen Komponenten, die auf unterschiedlichen Ebenen des betrieblichen Alltags wirken. Für den Umgang mit innerbetrieblichen Konflikten, z.B. zwischen Beschäftigten oder Beschäftigtengruppen, etablieren sich zunehmend so genannte Konfliktlotsen in den Betrieben.
Wir stellen Ihnen im Folgenden weitere, eher grundlegende und systematische Komponenten für ein Konfliktmanagementsystem vor:

Vertragsklauseln

Die Einführung und Nutzung z.B. von Mediation sollte in Vereinbarungen und Verträgen des Unternehmens geregelt werden. Mit Vertragsklauseln, in denen für den Fall eines Konfliktes die Anwendung außergerichtlicher Maßnahmen geregelt wird, können Verträge ergänzt werden.

Muster einer möglichen Vertragsklausel:

Mediation und Prozess vor staatlichen Gerichten

1. Die Parteien werden sich nach besten Kräften darum bemühen, jede Streitigkeit, die sich aus diesem Vertrag ergibt oder im Zusammenhang mit seiner Durchführung entsteht, in direkten Verhandlungen unter Einbeziehung von Vertretern der Geschäftsführung beizulegen.
2. Gelingt es den Parteien nicht, innerhalb von 60 Tagen nach Beginn der Verhandlungen ihre Meinungsverschiedenheiten beizulegen, werden die Parteien eine Mediation nach der Verfahrensordnung der Gesellschaft für Wirtschaftsmediation und Konfliktmanagement e.V. (gwmk), Brienner Straße 9, 80333 München, durchführen. Dasselbe gilt, wenn die Verhandlungen nicht binnen 30 Tagen nach Zugang der Aufforderung einer Partei zur gütlichen Verhandlung gemäß Ziffer 1 aufgenommen worden sind.
3. Die Parteien werden aus den von der gwmk auf Antrag einer oder sämtlicher Parteien vorgeschlagener Personen einen Mediator bestimmen. Sollte eine Einigung nicht zustande kommen, so wird die gwmk innerhalb von 30 Tagen ab Antragstellung einen Mediator ernennen. Sollte eine Ernennung nicht innerhalb dieser Frist erfolgt sein oder gelangen die Parteien nicht innerhalb von 60 Tagen seit der Ernennung eines Mediators zu einer einvernehmlichen Lösung, so ist jede Partei dazu berechtigt, nach Ablauf dieser Frist das zuständige Gericht anzurufen.
4. Diese Vereinbarung hindert keine Partei daran, ein gerichtliches Eilverfahren, insbesondere ein Arrest- oder einstweiliges Verfügungsverfahren, durchzuführen.
5. Soweit nichts anderes vereinbart wird, tragen die Parteien die Kosten des/der Mediatoren je zur Hälfte.

aus: Ponschab / Dedorfer 2002, S. 1052

Selbstverständlich lassen sich in einer solchen Vertragsklausel weitere Regeln oder auch andere Details vereinbaren.

Self Commitment

Es ist hilfreich und stärkt die Glaubwürdigkeit der Unternehmensleitung, wenn sie sich in einer Grundsatzerklärung dazu verpflichtet, zur Bearbeitung und Lösung von Konflikten die Methoden und Verfahren der außergerichtlichen Konfliktbeilegung anzuwenden. Damit demonstriert das Unternehmen seinen Willen, bei Konflikten zunächst kooperative Verfahren der Einigung anzuwenden. Findet diese Erklärung zudem Eingang in die *Corporate Identiity* des Unternehmens, signalisiert der Betrieb nach innen und nach außen, seinen Charakterzug. „Innovation, Kooperation, Verantwortungsbewußtsein für die Menschen und deren Probleme, Effizienz bei der Problemlösung und Offenheit für Veränderungsprozesse sind Attribute, die für eine positive Außenwirkung nutzbar gemacht werden können." (Ponschab / Dedorfer 2002, S. 1045).

Motivation- und Information

Der Wandel im Konfliktverständnis des Unternehmens wird getragen von den Beschäftigten. Ihr Umgang miteinander, ihr Verständnis und ihre Kooperationsbereitschaft sind die tragenden Pfeiler einer Unternehmens- und Konfliktkultur. Deshalb ist deren Informiertheit vor großer Bedeutung. Alle vom Konfliktmanagement betroffenen Beschäftigten und Abteilungen sollten in die Planung und die Umsetzung von Konfliktmanagementsystemen einbezogen sein. Ein kooperativer Umgang mit den Beschäftigten im Unternehmen und die Offenheit der Unternehmensleitung für Eigenverantwortlichkeit, Partizipation und Mitbestimmung, stärkt den Geist der Mediation bei den Beschäftigten.

Unternehmensinterne Regeln

Eine Voraussetzung für den Erfolg und die praktische Umsetzung von Konfliktmanagement ist die Schaffung betriebsinterner Regeln für die Behandlung von Konflikten und für die Prozessabläufe. Alle Schritte der Konfliktbearbeitung und alle Details sollten in einem Regelwerk (betriebliches Handbuch) erfasst sein. (vgl. Ponschab / Dendorfer 2002, S. 1049)

Je klarer hierbei die Regeln sind, desto einfacher erschließt sich der Zugang zum betrieblichen Konfliktmanagementsystem für alle Konfliktparteien.

Strukturelle Voraussetzungen

Die Implementierung eines betrieblichen Konfliktmanagementsystems beansprucht Ressourcen (Geld, Personal, Zeit, etc.). In der betrieblichen Praxis hat es sich als sinnvoll und hilfreich erwiesen, einen Prozessbegleiter / eine Prozessbegleiterin im Unternehmen zu haben, der/die den betriebsinternen Prozess steuert. Bei dieser Person laufen die Fäden zusammen, diese Person steuert und verantwortet den Umsetzungsprozess. Solche Kon-

fliktmanager, Mediatoren, Konfliktlotsen oder Ombudsleute im Betrieb können die tatsächliche Anwendung kooperativer Konfliktlösungen erleichtern.
Die vorgenannten Aspekte einer Implementierung von Konfliktmanagementsystemen signalisieren bereits deren Komplexität. Hinzu kommt, dass die in einem Unternehmen oder zwischen Unternehmen auftretenden Konflikte nicht gleichermaßen behandelt oder gelöst werden können. Nicht für alle Konflikte eignet sich die Mediation oder andere kooperative Konfliktbearbeitungsverfahren. Für jeden Einzelfall muss daher der spezifische Einsatz des jeweiligen Verfahrens systematisch geprüft und koordiniert werden. „Eine für das Unternehmen und die Konfliktbeteiligten erfolgreiche Bewältigung von Konflikten erfordert somit die Schaffung und den Einsatz eines **Konfliktmanagementsystems**, welches die verfügbaren Methoden systematisch und interaktiv in die Unternehmensorganisation einbezieht, anwendet, evaluiert, kostenmäßig überprüft und immer wieder an veränderte Gegebenheiten anpasst." (Ponschab / Dendorfer 2002, S. 1050).

Die Installierung von Konfliktmanagementsystemen erfordert zum Teil erhebliche Aufwendungen für die Unternehmen. Auch hierin ist evtl. eine Erklärung für die in Kapitel 11.2 beschriebene Abstinenz in der tatsächlichen betrieblichen Anwendung von Mediation / Wirtschaftsmediation und anderen Verfahren der kooperativen Konfliktbearbeitung zu sehen.

Die betriebliche Praxis der Mediation und die tatsächliche Anwendung von Mediationsverfahren *in* den Unternehmen und *zwischen* den Unternehmen stehen in der Bundesrepublik erst am Beginn einer möglichen Entwicklung. Insofern hat Wirtschaftsmediation in der bundesdeutschen Wirtschaftswelt immer noch den Charakter von Pioniertätigkeit. Um eine Verbreitung der Mediation als Konfliktlösungsverfahren in den Unternehmen zu erreichen, gilt es auch, den Geschäftsführungen und Trägern der Mitbestimmung (Betriebs- und Personalräte) vermehrt Informationen anzubieten und praktische Hilfsangebote zu erschließen.
Wirtschaftsverbänden, Kammern, Innungen, Gewerkschaften haben hierbei aus unserer Sicht eine wichtige Multiplikatorenrolle.

Beispielhaft sei hierfür der Bundesverband Druck und Medien e.V. – bvdm – mit seiner Mediationsstelle in Wiesbaden benannt:

11.4 Mediationsstelle beim „Bundesverband Druck und Medien –bvdm"

Seit September 2005 bietet der „Bundesverband Druck und Medien e.V." (bvdm) in Wiesbaden seinen Mitgliedsunternehmen die Möglichkeit, Streitigkeiten durch Wirtschaftsmediation bearbeiten zu können. In Zusammenarbeit mit der „Gesellschaft für Wirtschaftsmediation und Konfliktmanagement e.V. (gwmk), bietet die Mediationsstelle des bvdm den Mitgliedsbetrieben erfahrene Mediatorinnen und Mediatoren zur Konfliktbearbeitung an. Die Branche der Druck- und Medienindustrie ist hochgradig arbeitsteilig. Neben den eigentlichen Druckereien sind viele „Gewerke" vor- und nachgelagert (zum Beispiel: Fotografen, Grafiker, Weiterverarbeiter, Datenspezialisten, Lagerhaltungen, Versand). Ein hoher Grad an Arbeitsteilung und eine hohe Zahl Beteiligter am Gestehungsprozess eines Druckproduktes erhöht die Gefahr potenzieller Konflikte. Folgende Beispiele für Konfliktfälle der Branche zeigen dies:

- „Eine Druckerei kooperiert erfolgreich mit anderen Dienstleistern. Bei einem Auftrag kommt es zu Fehlern. Untereinander bricht Streit aus, wer dafür verantwortlich ist ....
- Der Geschäftsführer eines Unternehmens trifft zunehmend auf Probleme. Die Mitgesellschafter bringen ihm vermehrt Misstrauen entgegen und blockieren seine Arbeit durch Streitigkeiten.....
- Eine Druckerei produziert in regelmäßigen Abständen Kataloge. Nach Lieferung der letzten, aktualisierten Auflage behauptet der Kunde, die Kataloge wiesen Farbabweichungen auf.....
- Ein Druckweiterverarbeiter kann den vereinbarten Fertigstellungstermin nicht einhalten, weil der Auftraggeber das zu verarbeitende Material nicht korrekt anliefert. Der Auftraggeber besteht dennoch auf dem Termin..." (Irene Seidel; zitiert aus DGM, Newsletter 1/2006, S. 6)

Auch wenn derzeit noch keine umfänglichen Erfahrungen über die Arbeit der Mediationsstelle vorliegen, gilt sie doch aus unserer Sicht als innovativ und zukunftsweisend.

Übung zur Sicherung des Lernstoffes:

Wohin mit dem Streit?

Welches Verfahren ist für welche Ausgangslage geeignet?

Kennzeichnen Sie dabei

gV = gerichtliches Verfahren **WM** = Wirtschaftsmediation

Die Rechtsprechung hat für Ihr Problem eine eindeutige und klare Lösung	
Sie wollen den Streit und die dahinter liegenden Problem umfassend erörtern	
Für Sie spielen die Kosten der Klärung eine wichtige Rolle	
Ihr Streitpartner verfügt über sehr viel mehr Macht als Sie. Sie müssen davon ausgehen, dass diese Machtposition auch genutzt werden wird.	
Sie möchten das Verfahren möglichst schnell beenden.	
Sie möchten das Problem lösen und die Geschäftsbeziehung aufrechterhalten.	
Sie haben keine Lust auf Streit und wollen die Verantwortung für die Lösung lieber delegieren.	
In dem Konflikt spielen Emotionen eine große Rolle.	
Es geht um eine schnelle Lösung /Eilmaßnahme, weil die Verjährung unmittelbar bevorsteht.	
Sie brauchen zur Verwirklichung ihrer Ziele eine andere Partei.	
Sie wollen aus Prinzip wissen, wer Recht hat – egal wie entschieden wird.	
Es geht um eine grundsätzliche rechtliche Frage, die allgemein gelöst werden soll.	

Quelle: in Anlehnung an Checkliste des bvdm / gwmk,

veröffentlicht in: DGM / Newsletter 1/2006, S. 10

11.5 Beispiele aus der betrieblichen Praxis

Die folgenden Praxisbeispiele illustrieren die Unterschiedlichkeit der Konflikte und der Verfahren ihrer Bearbeitung. Wir möchten Ihnen mit diesen ausgewählten Praxisfällen einen Eindruck und ein Gefühl für die Komplexität und Vielschichtigkeit von Wirtschaftsmediation geben.

Die Bearbeitung der Fragen soll Ihnen dabei Hilfe zur Reflexion sein. Es kommt uns nicht auf richtige Antworten an, sondern vielmehr auf Ihre Auseinandersetzung mit dem „Stoff".

Konflikt in einer Arztpraxis

Herr Dr. A. und Herr Dr. B. führen gemeinsam seit ca. 15 Jahren ihre Arztpraxis. Die Ehefrau von Herrn Dr. B., Frau C., arbeitet als eine von sechs Arzthelferinnen in der Praxis. Frau C. erhält eine um ca. 1/3 höhere Entlohnung als ihre Kolleginnen. Die Höhe der Entlohnung von Frau C. ist den anderen Arzthelferinnen nicht bekannt. Frau C. ist nach Ansicht von Herrn Dr. A. und auch von Herrn Dr. B. für leitende Aufgaben und Funktionen in der Praxis nicht geeignet. Vor allen Dingen gilt dies für die normalen Abläufe (Sprechstunden).

Frau C. hat im Praxisteam als „Frau des Chefs" eine Sonderrolle. Frau C. trägt gruppeninterne Informationen des Helferinnenteams an Herrn Dr. B, ihren Ehemann. Hieraus erwachsen auch Konfliktlagen zwischen Herrn Dr. A. und Herrn Dr.B. Die Vertrauenslage innerhalb des Teams hat sich verändert. Das Arbeitsklima hat sich verschlechtert, Frau C. ist im Team zunehmend isoliert. Herr Dr. B. steht dabei im Konfliktfeld „Loyalität zu seiner Ehefrau" einerseits und suboptimale Arbeitsabläufe in der Praxis, zunehmende Konfliktlagen im Praxisteam und mit seinem Arbeitspartner, Herrn Dr. A. andererseits. Die eigentlich von ihm und Herrn Dr. A. gewollte und bisher gelebte Offenheit zwischen ihnen als Chefs und dem Praxisteam ist verschüttet. Vorhandene Ressourcen werden nicht mehr für die Praxisgestaltung genutzt, das Engagement der Helferinnen ist deutlich reduziert. Die Arbeitsabläufe haben sich verschlechtert, das Arbeitsklima hat sich verschlechtert. Herr Dr. A. und Herr Dr. B. geraten hierüber bereits häufiger in Streit.

Lernfragen zur Sicherung des Lernstoffes:

Wie typisieren Sie den Konflikt – Sachkonflikt, Beziehungskonflikt, Strategiekonflikt, Kompetenzkonflikt...?

Wäre ein Verfahren der Wirtschaftsmediation für die Bearbeitung dieses Konfliktes geeignet?

Angenommen, dieser Konflikt wird durch ein Mediationsverfahren bearbeitet: Sollte Frau C. als Konfliktpartei beteiligt werden?

Wie bewerten Sie für Herrn Dr. B. seine Verpflichtung zur Vertraulichkeit im Verfahren? Begründen Sie bitte ihrer Aussagen.

Konflikt zwischen zwei Unternehmen im Anlagenbau:

„Der Dollar-Konflikt"

„Der Konflikt bestand zwischen der Altanea GmbH und der Rotero GmbH. Altanea gehört als Unternehmen zum deutschen Zweig eines großen internationalen Konzerns. Rotero ist ebenfalls Tochterunternehmen eines kleineren ausländischen Konzerns. Altanea hatte den Auftrag für den Bau eines Kohlekraftwerkes im ostasiatischen Raum erhalten. Im Rahmen dieses Projektes erteilte das Unternehmen einen Unterauftrag an die Firma Rotero für bestimmte Teile des Kraftwerkes im Umfang von 18 Mio. Euro. Rotero reklamierte Mehrforderungen von ca. 5 Mio. Euro, die das Unternehmen mit zusätzlichen Leistungen und einer Preisgleitklausel begründete. Altanea bestritt diesen so genannten Claim und erhob gleichzeitig Gegenforderungen (Gegenclaim) über zunächst etwa 2 Mio., später 11 Mio. Euro die mit unvollständigen und verspäteten Dokumentationen seitens Rotero begründet wurden.

Die Auseinandersetzung wurde in unterschiedlicher Intensität über anderthalb Jahre hinweg außergerichtlich begleitet von zwei großen Anwaltskanzleien. Wäre es auch in der Mediation zu keiner Einigung gekommen, so hätte sich ein Schiedsverfahren als Alternative angeschlossen. Das wollten beide Unternehmen vermeiden, da ein solches Verfahren kompliziert, langwierig, aufgrund des laufenden Projektes damit sehr teuer und ungewiss im Ausgang gewesen wäre.

Das auftraggebende Unternehmen Altanea hatte auf dem Claim des Lieferanten, der Rotero GmbH, bis zur Mediation kaum reagiert. Rotero hatte den eigenen Claim mittlerweile intern umfangreich dokumentiert. Auf der Ebene der Projektleiter war der Konflikt zwischen beiden Unternehmen mittlerweile so weit eskaliert, dass eine direkte Kommunikation, die ohnehin nur telefonisch lief, fast nicht mehr möglich war. Nachdem Rotero weiterhin keine Reaktion auf seine Forderungen erhielt, zog der Geschäftsführer zeitweise seine Arbeiter von der Baustelle ab. Schließlich ergriff er die Initiative und führte ein persönliches Gespräch mit dem zuständigen Chef auf Seiten Altaneas, dem dortigen Leiter Einkauf, um Lösungsmöglichkeiten zu diskutieren. Er schlug ein Mediationsverfahren und einen Mediator vor. Altanea zeigte sich zwar mit der Idee einer Mediation einverstanden, war aber nach eigenem Bekunden misstrauisch und wollte daher selbst einen Mediator vorschlagen. Man einigte sich darauf, dass Altanea den Mediator vorschlagen und der Geschäftsführer der Rotero GmbH mit diesem Kontakt aufnehmen sollte. (....)". (Troja 2004, S. 23 f)

(weitere Informationen zum Verlauf des Mediationsverfahren und zum Ergebnis finden Sie in dem Bericht von Markus Troja „Transformative Mediation in einem reinen Dollarkonflikt"; ZKM – Zeitschrift für Konfliktmanagement, Heft 1/2004)

12. Recht und Mediation

Wirtschaftsmediation ist ein außergerichtliches Verfahren, aber deshalb kein unjuristisches Verfahren. Der Einfluss von Recht und Gesetz auf die Mediation ist durchaus gegeben. „Das Recht nimmt in der Mediation vielfältige Funktionen ein, die in ihrer Gesamtheit über die Verwendung des Rechts als Entscheidungsmaßstab des Richters hinausgehen. Die Erörterung der Rechtslage ist daher integraler Bestandteil jeder Wirtschaftsmediation" (Risse 2003, S. 310). Dennoch bleibt auch die Wirtschaftsmediation ein Verfahren der „alternativen Streitbeilegung" und in seiner Abwicklung *nicht* den Juristen vorbehalten. Wir wollen im Folgenden schlaglichtartig zwei grundsätzliche Aspekte beleuchten: das „Recht *in* der Mediation" und das „Recht *der* Mediation".

12.1 Das Recht *in* der Wirtschaftsmediation

Wir können davon ausgehen, dass die Parteien bzw. Medianten einer Wirtschaftsmediation rechtliche Argumente für ihre Standpunkte / Positionen nutzen. Ebenso werden die Parteien für sich mögliche oder auch nicht mögliche Lösungen rechtlich geprüft und bewertet haben (vgl. Praxisfall „Der Dollar-Konflikt"). Risse (2003) geht sogar davon aus, dass die Parteien wenn sie in die Wirtschaftsmediation kommen, bereits über eine recht präzise Beurteilung der Prozessrisiken und Prozesschancen verfügen. (vgl. Risse 2003, S. 298) Gleichwohl macht es Sinn, die Rechtslage in einem Wirtschaftsmediationsverfahren ausführlich zu erörtern. Denn, die o.g. bereits vorhandene präzise Kenntnis der eigenen Rechtslage macht die Position der Beteiligten aus und gerade diese ***Positionen gilt es in der Mediation zu lösen und „in Interessen zu überführen".***

Damit die Parteien sich aber von ihren Positionen (rechtlichen Bewertungen) lösen können, müssen die rechtlichen Annahmen, auf deren Grundlage ihre Position gebildet wurde, hinterfragt werden. Eine Möglichkeit hierzu ist der *Pre-Mediation-Briefing-Report (PMBR),* den wir in Kapitel 10.1.2 bereits kennengelernt haben.

Die Rechtsordnung setzt Eckpunkte, die wichtig sind bei der Entscheidung für oder auch gegen ein Mediationsverfahren und sie gibt den Rahmen für mögliche Lösungen vor. Das Recht setzt den Konfliktbeteiligten in einer Mediation Möglichkeiten aber auch Grenzen der Verständigung. Es wirkt zudem als Instrument der Fairnesskontrolle bei einer zu entwickelnden Vereinbarung für beide Parteien.

Besonderes Gewicht für das Suchraster nach Lösungen hat das sogenannte *dispositive* Recht. Es handelt sich dabei um gesetzliche Bestimmungen, von denen die Beteiligten im Rahmen ihrer Privatautonomie abweichen können. (vgl. Duve 2003, S. 88). Folgendes Beispiel verdeutlicht die Bedeutung des dispositiven Rechts in der Mediation:

Ein Miterbe eines Familienunternehmens muss wählen, „ob er anstelle des ihm rechtlich vermutlich zustehenden Firmenanteils in Höhe von € 100.000,- den anvisierten Mediationsvergleich wählt, der unter Wahrung des Familienfriedens eine Barauszahlung von 70.000,- € nebst einer goldenen Taschenuhr als Erinnerung vorsieht. Der Jurist wird einwenden, hier würden Äpfel mit Birnen verglichen, eine objektive Bewertung und vernünftige Entscheidung sei unmöglich. Objektivität ist aber weder erforderlich, noch wünschenswert. Ziel ist die subjektive Zufriedenheit der Partei. Die Partei, und nur diese, kann die subjektive Abwägung zwischen rechtlich gegebenen Ansprüchen und über das rein Juristische hinausgehenden Alternativlösungen durchaus vornehmen. Es kommt nicht darauf an, die „objektiv rechtmäßige" Lösung zu finden, sondern diejenige, welche die Parteien subjektiv am meisten zufrieden stellt. In der Mediation entscheidet die Partei selbst zwischen den sich bietenden Alternativen." (Risse 2003, S. 296)

12.2 Das Recht *der* Wirtschaftsmediation

„Vom Recht in der Wirtschaftsmediation zu unterscheiden ist das Recht der Wirtschaftsmediation. Dieses besteht aus Vorschriften des Gesetzebers und privatautonomen Vereinbarungen, welche die Rahmenbedingungen der Mediation betreffen.“ (Duve 2003, S. 89)

In Deutschland gibt es bisher nur wenige rechtliche Bestimmungen zu den Rahmenbedingungen einer Mediation. Die Zivilprozeßordnung (ZPO) regelt z.B. in § 278 Abs. 5 ein Vorschlagsrecht der Gerichte für eine außergerichtliche Streitbeilegung und das Berufsrecht der Anwälte bestimmt ebenfalls rechtliche Bedingungen einer Mediation. Von besonderer Bedeutung für das Recht der Wirtschaftsmediation sind jedoch die zwischen den Parteien getroffenen privatautonomen Vereinbarungen, mithin die Regelungen der Mediationsvereinbarung und des Mediationsvertrages (vgl. Kapitel 10.1). Damit stellen die Parteien sicher, dass zum Beispiel aus dem Scheitern der Mediation keine Nachteile für eine folgende gerichtliche Auseinandersetzung erwachsen. In einem Mediationsvertrag kann zum Beispiel geregelt werden, dass der Ablauf von Ausschlussfristen für die Dauer des Verfahrens gehemmt ist. Damit schirmt das Recht quasi das Mediationsverfahren vor äußeren Einflüssen ab (vgl. Risse, 2003, Seite 301).

In jedem Fall sollte ein Mediator / eine Mediatorin wissen, welche Punkte im rechtlichen Sinne regelungsbedürftig sind und wie sie zu gestalten sind.

Mediatoren, die nicht Juristen sind, kommen hier schnell an Grenzen. Insofern bietet sich in Verfahren der Wirtschaftsmediation eine Zusammenarbeit mit Rechtsanwälten an. In jedem Fall sollten die Parteien von Anwälten beraten werden.

Nach unserer Erfahrung kann man davon ausgehen, dass es bei Streitigkeiten zwischen Unternehmen immer auch sehr klar um Rechtsfragen geht. Hierbei handelt es sich meistens um Sach- Grundsatz- und Verteilungskonflikte, die rechtlich gestaltet werden. In solchen Auseinandersetzungen sind meistens Rechtsanwälte /Rechtsanwältinnen beteiligt.

Häufig anders verhält es sich bei Streitigkeiten innerhalb von Unternehmen. Vor allen Dingen dann, wenn es um Strategie- und Beziehungskonflikte geht, ist eine rechtliche Durchsetzung der eigenen Auffassung nicht unmittelbar möglich. Für derartige Auseinandersetzungen ergibt sich die Beteiligung von Rechtsanwälten nicht notwendigerweise. Wir weisen auf diese Unterschiede zum Recht der Wirtschaftsmediation auch deshalb hin, weil die Rolle und die rechtlichen Implikationen eines Rechtsanwaltes als Mediator anders sind als die eines/r Nichtjuristen/in.

Wird ein Rechtsanwalt als Mediator tätig (Anwaltsmediator), unterliegt er den Regelungen des Berufsrechts. Für Rechtsanwälte gilt die Tätigkeit als Mediator als anwaltliche Tätigkeit. (vgl. hierzu u.a. Duve 2003, S. 90 ff; Risse 2003, S. 288 ff). Rechtsanwälte unterliegen zudem dem Rechtsberatungsgesetz.

Für Nichtjuristen stellt sich umgekehrt die Frage, ob sie überhaupt als Mediator tätig werden dürfen, wenn nicht nur wirtschaftliche, sondern auch gewichtige rechtliche Fragen Gegenstand der Auseinandersetzung sind. Auch vor diesem Hintergrund ist es für nichtjuristische Mediatoren ratsam, den Beteiligten eines Wirtschaftsmediationsverfahrens einleitend zu empfehlen, sich durch Rechtsanwälte beraten zu lassen. Aus unserer Erfahrung sollten Sie als nichtjuristische Mediatorin / Mediator deutlich machen, dass Sie nur in einer Auseinandersetzung tätig werden, in der es ausschließlich um wirtschaftliche Fragen geht.

13. Zusammenfassung

Mit dem Studium dieses Skriptes haben Sie einen Einblick in die Funktionsweise und die Besonderheiten der Wirtschaftsmediation gewinnen können.

Der Komplexität und Vielschichtigkeit von Konfliktlagen im Wirtschaftsleben entspricht die Kompliziertheit des Verfahrens einer Wirtschaftsmediation. Wir haben versucht, diese Komplexität und Wechselwirkungen im Prozess einer Wirtschaftsmediation systematisch zu erfassen. Hierfür haben wir u.a. die Teilaspekte „Konflikttypen", „betriebsökonomische Aspekte von Konflikten", „klassische Instrumente betrieblicher Konfliktbearbeitung" und „Besonderheiten im Verfahren" beleuchtet.

Unsere eingangs formulierte Aussage, Wirtschaftsmediation sei etwas Besonderes, findet hierbei Bestätigung. Die beschriebenen praktischen Fallbeispiele und die Hinweise aus praktischer Erfahrung illustrieren einerseits das Besondere der Wirtschaftsmediation, sie machen aber andererseits die Komplexität der Konflikte und der Bearbeitungsverfahren habtisch.

Wirtschaftsmediation als ein Verfahren der kooperativen Konfliktbearbeitung entspricht der betriebsökonomischen Logik der Unternehmen. Sie hilft Kosten zu minimieren und sie hilft – eben durch die Stärkung der Eigenverantwortlichkeit – betriebliche Prozesse zu effektivieren, Vertrauen als Charakteristikum des Betriebsklimas zu schaffen, Motivation und Identitäten zu verstärken.

Daß die Unternehmen in Deutschland dennoch bis heute eher zurückhaltend sind in ihrer praktischen Anwendung von Wirtschaftsmediation, ist für uns Ansporn, über unsere Erfahrungen als Mediatoren /Mediatorinnen zu berichten, Informationen zur Wirtschaftsmediation zu verbreiten. Immerhin sind die Argumente für die Mediation und Wirtschaftsmediation – wie wir meinen – gewichtig:

- Die Konfliktparteien selbst sind die Spezialisten für ihren Konflikt. Sie selbst haben das Wissen und die Fähigkeit, für ihren Konflikt eine gute Lösung zu finden. Es entspricht der Philosophie der Mediation, genau dieser Eigenverantwortlichkeit der Konfliktbeteiligten Raum zu geben.
- Mit einem Verfahren der Wirtschaftsmediation behalten die Unternehmen Planungssicherheit, weil – im Gegensatz zu gerichtlichen Verfahren – in kurzer Zeit verbindliche Lösungen zu erreichen sind, die Sicherheit und Perspektive ermöglichen.
- In der Regel ist ein Mediationsverfahren deutlich kostengünstiger als ein Gerichtsverfahren. Die Unternehmen reduzieren so ihre Kosten. Allgemein dauern gerichtliche Verfahren auch deutlich länger als Mediationsverfahren. Mediation induziert damit auch einen Zeitgewinn und „Geldgewinn“ (Zeit ist Geld).
- Eine Mediation gibt Unternehmen die große Chance, Geschäftsbeziehungen zu erhalten. Es geht in dem Verfahren um eine gemeinschaftlich getragene Lösung des Konfliktes im Sinne von win-win-Lösungen. Die Mediation thematisiert die Beziehungen der Geschäftspartner, macht sie sogar zum Gegenstand des Verfahrens. Hieraus erwächst Vertrauen und Zukunftsorientierung. Bei gerichtlichen Auseinandersetzungen ist davon auszugehen, dass solche Geschäftsbeziehungen im Regelfall beendet sind.
- Gerichtsverhandlungen sind meistens öffentlich. Hierbei sind nicht nur die Namen der Prozessbeteiligten öffentlich zugänglich. In einer Mediation hingegen bleibt die Vertraulichkeit gewahrt. Vertrauen und Vertraulichkeit sind im Wirtschaftsleben häufig wichtiger als Kosten und Gewinne.
- Mit einer Wirtschaftsmediation bestimmen die Beteiligten selbst mit über den Verhandlungsprozess. Sie bestimmen selbst die Inhalte der Verhandlung, sie bestimmen, ob

Ergebnisse oder Teilergebnisse akzeptiert werden können oder nicht. Ein gerichtliches Verfahren läßt hierfür keinerlei Raum. Ein Richter / eine Richterin entscheidet als Dritte über den Prozessverlauf und über das Ergebnis.

U.a. diese positiven Aspekte der Mediation und Wirtschaftsmediation sind außerhalb der Bundesrepublik längst bekannt. In den USA, in China, in den meisten europäischen Staaten ist die Wirtschaftsmediation längst etabliert. Wir sind davon überzeugt, daß die Wirtschaftsmediation als ein Verfahren der „drittunterstützten Streitbeilegung" in den nächsten Jahren auch in Deutschland erheblich an Bedeutung gewinnen wird. Ein Beleg hierfür mag die im März 2006 vollzogene Gründung der Initiative „Deutsches Forum für Mediation" sein. In diesem Forum haben sich verschiedene Mediationsorganisationen und Initiativen zusammengeschlossen, um als dauerhafte Vertretung der Mediationsverbände und –Organisationen Erfahrungen auszutauschen, zu kooperieren und vor allen Dingen, um gemeinsame Perspektiven zu entwickeln und Informationen über Mediation zu verbreiten.
Wir hoffen, Sie mit unserem Studierskript für ein bleibendes, vielleicht sogar vertieftes Interesse an der Mediation und der Wirtschaftsmediation motiviert zu haben.
Die Übungen und Lernfragen in diesem Skript korrespondieren mit den Einsendeaufgaben. Sie mögen Ihnen eine willkommene Hilfe zur Vertiefung Ihres Wissens sein.
Wir wünschen uns Ihr Engagement und freuen uns auf Anregungen, Kritik, Verbesserungsvorschläge zum Skript und zu den Einsendeaufgaben.
Wirtschaftsmediation steht für eine neue, kooperative Unternehmenskultur. Sie setzt Eigenverantwortung, Partizipation und Mitbestimmung voraus bzw. stärkt sie. Insofern steht der Geist von Mediation und Wirtschaftsmediation geradezu revolutionär für die Stärkung von Eigenverantwortlichkeit und Mitbestimmung bei der Gestaltung von Lebens- und Arbeitswelt (vgl. Hehn / Rüssel 2001, S. 62 ff).

14. Literaturverzeichnis

Altmann, Gerhard / Fiebiger, Heinrich / Müller, Rolf (1999): Mediation – Konfliktmanagement für moderne Unternehmen; Weinheim und Basel,

Bernhardt, Hanspeter / Winograd, Bianca (2002): Die Zusammenarbeit von Rechtsanwälten und Psychologen; In: Haft, Fritjof / Schlieffen, Gräfin von, Katharina (Hrsg): Handbuch Mediation, München;

Berner, Winfried (2000): Mehr Leistung durch den Abbau innerbetrieblicher Reibungsverluste; In: Sonderdruck aus dem Loseblatt Handbuch „Praxis Handbuch Unternehmensführung“; Haufe Verlag, Freiburg,

Betriebsverfassungsgesetz (BetrVG).....

Bierbrauer, Günter (2002): Interkulturelles Verhandeln; In: Haft, Fritjof / Schlieffen, Gräfin von, Katharina (Hrsg): Handbuch Mediation, München;

Bitzer, Bernd / Liebsch, Kerstin / Behnert, Annette (2002): Betriebliche Konfliktlösung durch Mediation, Heidelberg,

Bonner Generalanzeiger – Ausgabe vom 11. Februar 2005;

DGM (2006) – Deutsche Gesellschaft für Mediation, Newsletter, Ausgabe 1/2006; Hagen

Die Welt – Ausgaben vom 04. Februar 2005 und 25. Juni 2003

Diez, Hannelore (2005): Werkstattbuch Mediation; Centrale für Mediation, Köln;

Disselkamp, Marcus (2003): Der Preis der Angst; Literaturrecherche im Auftrag der Vereinten Dienstleistungsgewerkschaft ver.di; München;

Disselkamp, Marcus (2004): Kostenersparnis durch faire Verhandlungsführung und Mediation; In: Disselkamp, Marcus / Eyer, Eckhardt / Rohde, Silke / Stoppkotte, Eva-Maria: Wirtschaftsmediation – Verhandeln in Konflikten, Frankfurt am Main,

Duve, Christian (2003): Ursachen und Entwicklung von Konflikten in der Wirtschaft verstehen; In: Duve, Christian / Eidenmüller, Horst / Hacke, Andreas: Mediation in der Wirtschaft – Wege zum professionellen Konfliktmanagement; Frankfurt am Main / Köln,

Eidenmüller, Horst (2003): Alternativen zu einer Verhandlungslösung prüfen; In: Duve, Christian / Eidenmüller, Horst / Hacke, Andreas: Mediation in der Wirtschaft – Wege zum professionellen Konfliktmanagement; Frankfurt am Main / Köln;

Eyer, Eckhard (2004): Wirtschaftsmediation – die Alternative zu Stillstand und Einigungsstelle; In: Disselkamp, Marcus / Eyer, Eckhardt / Rohde, Silke / Stoppkotte, Eva-Maria: Wirtschaftsmediation – Verhandeln in Konflikten, Frankfurt am Main;

Frankfurter Rundschau vom 07.Juni 2006 , Frankfurt / Main

gwmk.org: Gesellschaft für Wirtschaftmediation und Konfliktmanagement e.V. – gwmk- , München;

gps-mediation (2006): Gesellschaft für personale und soziale Dienste, -gps-consult gmbh; München; gps-mbh.de,

Gutjahr, Lothar (2004): Mediation in mittelständischen Unternehmen, Schriften des RKW-Verlag, Eschborn;

Hehn, Marcus / Rüssel, Ulrike (2001): Der Mediator – Kein Schlichter oder (Schieds)Richter; In: Zeitschrift für Konfliktmanagement – ZKM, Heft 2/2001; Seite 62 ff;

Hacke, Andreas (2003): Schwierige Situationen in Mediationsverfahren bewältigen; In: Duve, Christian / Eidenmüller, Horst / Hacke, Andreas: Mediation in der Wirtschaft – Wege zum professionellen Konfliktmanagement; Frankfurt am Main / Köln;

Haeske, Udo (2003): Konflikte im Arbeitsleben – Mit Mediation und Coaching zur Lösungsfindung; München;

Haft, Fritjof / Schlieffen, Gräfin von, Katharina (Hrsg) (2002): Handbuch Mediation, München;

Hase / Neumann-Cosel / Rupp / Teppich (1998): Handbuch für die Einigungsstelle, Frankfurt / Main;

Hertel, von Anita (2003): Professionelle Konfliktlösung – Führen mit Mediationskompetenz; Frankfurt/Main;

Heussen, Benno (2002): Die Organisation von Mediationsverhandlungen; In: Haft, Fritjof / Schlieffen, Gräfin von, Katharina (Hrsg): Handbuch Mediation, München;

Hundt, Daniel (2006): Mediation und Betriebsverfassung – Grundlagen, Akzeptanz, Verbreitung; Saarbrücken;

Industriegewerkschaft Metall (IG-Metall) (2004): Die Einigungsstelle; Handlungshilfe für Betriebsräte und Vertrauensleute; Heft 15; Frankfurt am Main;

Kracht, Stefan (2002): Rolle und Aufgabe des Mediators – Prinzipien der Mediation; In: Haft, Fritjof / Schlieffen, Gräfin von, Katharina (Hrsg): Handbuch Mediation, München;

Lenz, Christina (2003): „Pre-Mediation“: Die Klärung vor der Mediation; In: Pühl, Harald (Hrsg.): Mediation in Organisationen, Berlin;

Mähler, Georg / Mähler, Gisela (2002): Familienmediation; In: Haft, Fritjof / Schlieffen, Gräfin von, Katharina (Hrsg): Handbuch Mediation, München;

Ponschab, Reiner / Dendorfer, Renate (2002): ConflictManagementDesign im Unternehmen; in: In: Haft, Fritjof / von Schlieffen, Gräfin von, Katharins (Hrsg): Handbuch Mediation, München;

Potsch-Ringeisen, Stefanie (2006): Mediation als Methode der Konfliktbearbeitung in der deutsch-chinesischen Wirtschaftskooperation; In: Chrijns, Rogier/Thalheim, Janine (Hrsg.): Kooperation und Effizienz in der Unternehmenskommunikation; Wiesbaden

PriceWaterhouseCoopers (2005): Commercial Disput Resolution – Konfliktbearbeitungsverfahren im Vergleich; Studie in Zusammenarbeit mit der Europa-Universität Viadrina Frankfurt (Oder); Frankfurt am Main / Frankfurt (Oder),

Pühl, Harald (Hrsg.) (2003): Mediation in Organisationen, Berlin;

Regnet, Erika (2001): Konflikte in Organisationen – Formen, Funktionen und Bewältigung, Göttingen;

Risse, Jörg / Wagner, Christof (2002): Mediation im Wirtschaftsrecht; In: Haft, Fritjof / von Schlieffen, Gräfin von, Katharins (Hrsg): Handbuch Mediation, München;

Risse, Jörg (2003): Wirtschaftsmediation; München;

Statistisches Bundesamt (2006): Pressemeldung vom 02.06.2006; Wiesbaden;

Stoppkotte, Eva-Maria (2004 a): Der Konflikt – Vertiefende Einführung; In: Disselkamp, Marcus / Eyer, Eckhardt / Rohde, Silke / Stoppkotte, Eva-Maria: Wirtschaftsmediation – Verhandeln in Konflikten, Frankfurt am Main;

Stoppkotte, Eva-Maria (2004 b): Mediation im Betrieb; In: Disselkamp, Marcus / Eyer, Eckhardt / Rohde, Silke / Stoppkotte, Eva-Maria: Wirtschaftsmediation – Verhandeln in Konflikten, Frankfurt am Main;

Troja, Markus (2004): Transformative Mediation in einem „reinen Dollarkonflikt"; In: ZKM – Zeitschrift für Konfliktmanagement, Heft 1/2004;

Weidner, Helmut (1999): Internationale Erfahrungen mit Umweltmediation; In: Studienbrief Umweltmediation; Förderverein Umweltmediation e.V., Bonn;

Weidner, Wolfgang (2005): Konfliktkosten im Unternehmen – Ihre Chance als Wirtschaftsmediator; In: Kanzleiführung professionell, Heft 8;

Wiener Wirtschaft (2005); Ausgabe 10/05 vom 29.09.2005; Zeitschrift der Wirtschaftskammer Österreichs; Wien;

Wko (2006): Wirtschaftskammer Österreichs, Wien - wko.at

Zillessen, Horst (2000): Umweltmediation in Europa, Kurzfassung des Forschungsberichtes „Status und Erfahrungen mit Umweltmediation in Europa"; vorgelegt von Gotwald, Andreas/Zillessen, Horst/Westholm, Hilmar; Bundesministerium für Land- und Forstwirtschaft, Umwelt und Wasserwirtschaft, Wien;

Zillessen, Horst (2002): Umweltmediation; In: Haft, Fritjof / Schlieffen, Gräfin von, Katharina (Hrsg): Handbuch Mediation, München;

Institut für Kommunikation und Konfliktmanagement [IKK]

Schönböckener Str. 28d, 23556 Lübeck

Telefon: 0451 / 300 900 92

Fax: 0451 / 300 900 94

E- Mail: info@radius-ikk.de

Internet: http://www.radius- ikk.de

Autor: Heinz Möhn